基于水网水资源调度的地下水保护研究

张衍福　赵然杭　王兴菊　赵　新　刘　凯　等著

黄河水利出版社

·郑州·

内 容 提 要

本书以防洪减灾、水资源利用与地下水涵养的需求为导向,对区域水网调蓄能力与地下水涵养效应进行研究,提出了基于水资源结构分解的河湖水网动态调蓄能力计算方法;建立了水网地表水的多维耦合模拟与调度—地下水涵养与生态保护的河湖水网水资源调度关键技术和能够预测地表水—补给效应—地下水变化的水网水量与地下水耦合模型;研发了区域水网多维联合调度与地下水保护的系统功能模块,形成了基于水网水资源调度的一整套地下水保护技术。

本书的研究为进一步减小区域防洪减灾压力,提高水资源综合利用效率并减缓地下水漏斗的形成与扩展提供技术支撑,同时为管理与规划设计部门提供决策支持与技术依据,并对其他区域水系联合调度与地下水保护的工作开展具有指导与借鉴作用。

图书在版编目(CIP)数据

基于水网水资源调度的地下水保护研究/张衍福等
著.—郑州:黄河水利出版社,2022.7
ISBN 978-7-5509-3339-2

Ⅰ.①基…　Ⅱ.①张…　Ⅲ.①地下水保护-研究
Ⅳ.①P641.8

中国版本图书馆 CIP 数据核字(2022)第 131819 号

出　版　社:黄河水利出版社
　　　　地址:河南省郑州市顺河路黄委会综合楼 14 层　　　　邮政编码:450003
发行单位:黄河水利出版社
　　　　发行部电话:0371-66026940、66020550、66028024、66022620(传真)
　　　　E-mail:hhslcbs@ 126. com
承印单位:广东虎彩云印刷有限公司
开本:787 mm×1 092 mm　1/16
印张:11
字数:270 千字　　　　　　　　　　　　　　印数:1—1 000
版次:2022 年 7 月第 1 版　　　　　　　　　印次:2022 年 7 月第 1 次印刷

定价:68.00 元

前　言

桓台县因地下水超采形成严重的地下水漏斗区,为促进地下水资源保护,实现修复补源,政府利用亚洲开发银行贷款对其进行综合整治,建立了"三横四纵一湿地"的区域水网。本书旨在保证区域防洪安全的前提下,最大可能地保持河网高水位以提升河网地表水对地下水的涵养效应为目标,开展基于水网水资源调度的地下水保护研究,建立了基于水资源结构分解的水网调蓄能力分析计算—河湖水网的多维耦合模拟与调度—地下水涵养效应与生态保护的一整套链条技术,为进一步减少区域防洪减灾压力,提高水资源综合利用效率及减缓地下水漏斗的形成与扩展提供技术支撑。

全书共分9章,主要内容包括研究区概况、河湖水资源结构分解及水网调蓄能力研究、研究区地下水位变化及河道渗漏试验研究、区域河湖水网调度模型与调度方案研究、区域地下水数值模型构建与模拟研究、基于河湖水网水资源调度的地下水涵养效应研究、河湖水网多维联合调度与地下水保护系统功能模块研发等。

本书由山东省水利综合事业服务中心和山东大学两家单位联合完成,主要编写人员有张衍福、赵然杭、王兴菊、赵新、刘凯、边敦典、张晴晴、杨丽、王立志、谭媛媛、朱煜欣等。

本书编写过程中,参考了大量已出版的相关文献及规范,我们谨向相关作者,特别是在本书中没有列出的项目参与人员及相关文献与规范的作者与单位,表示诚挚的谢意!

由于编写水平有限,书中难免出现疏漏和不足之处,恳请读者提出批评意见,以便今后进一步完善。

作　者

2022 年 6 月

目　录

第 1 章 绪 论

1.1 研究背景与意义

1.1.1 研究背景

地下水作为水资源的重要组成部分,是人类不可缺少的一种自然资源,对人类的生活、工农业生产和城市建设都起着重大的作用。在我国很多地区,地下水已成为开发利用的首要水源。由于不合理的开发利用,目前我国地下水资源面临供需紧张、开采区地质灾害频发等问题。

由于长期持续超采地下水,华北平原已成为世界上最大的漏斗区,华北的许多大城市,如北京、天津、石家庄等在开发地下空间的过程中,频频遭遇地下水超采带来的地质塌陷等问题。淄博、潍坊是山东省发展较快的地区,长期过量地开采地下水,使得淄博–潍坊超采区成为全国第二大、山东最大的漏斗区。桓台县由于水资源供需结构不尽合理,造成了地下水资源的过度利用,导致地下水漏斗区域面积不断扩大,地下水位下降趋势明显。地下水漏斗区域面积的扩大和地下水位的下降已引起了诸如地面沉陷、裂缝等地质灾害,并引发了部分次生地质灾害;同时对当地水生态环境、人民生产生活造成了严重危害。

改善水生态环境,是开展生态建设的基础和保障。地下水漏斗区水环境治理作为遏制地下水环境恶化、改善地下水质的重要举措,在水生态文明乃至区域生态文明建设中具有举足轻重的地位。开展地下水漏斗区治理也是落实十九大重大战略部署和"生态山东"建设的必然要求。为此,桓台县政府采取积极措施,利用亚洲开发银行贷款对地下水漏斗区进行综合整治,形成了"三横四纵一湿地"的区域水网。项目的实施增强了超采区地下水的涵养功能,随着地下水位逐步回升,地面沉降与地下水生态环境问题得到缓解,同时整个区域的调蓄与抗洪能力也得到了提高。

但从 2018 年 8 月"温比亚"与 2019 年 8 月"利奇马"两次台风暴雨灾害来看,河湖水系调度对超常规暴雨灾害的抵抗力较弱,缺乏相应的科学决策依据。非汛期河道内水位低、流速小,不能满足最低生态水量需求,导致水体黑臭,加剧恶化;汛期暴雨来临时,河湖水位迅速上涨,雨水资源丰富,但缺乏科学调配与利用手段,河湖水位在暴雨过后迅速下降,不能得到充分利用;区域水系连通后对地下水涵养有一定的作用,但缺少相应科学理论支撑与综合评价依据,无法对地下水涵养效应进行精准定量或定性分析;区域内虽实施部分防洪治理工程,但调蓄能力依旧不足,缺乏提高调蓄能力的多维、多组合工程措施。

因此,需要以桓台县的防洪减灾、水资源利用与地下水涵养的需求为导向,对区域水网调蓄能力与地下水涵养效应进行分析,开展基于水网水资源调度的地下水保护研究,形成河湖水网多维联合调度与地下水保护的关键技术。为进一步减小区域防洪减灾压力,提高水资源综合利用效率,减缓地下水漏斗的形成与扩展具有突出的必要性和紧迫性。

1.1.2　研究意义

项目以山东省小清河流域桓台县地下水保护为目标,以地下水超采问题为导向,根据区域河湖水网等自然条件,开展"基于水网水资源调度的地下水保护研究"。以地理信息系统为平台,河湖水系多维仿真模型为基础,研究区域水系调蓄能力与水调度技术;从区域水资源特点、现状与利用条件入手,基于河湖水网的水资源结构分解、河流水资源模拟与预报,研究不同水平年的水网调蓄能力;以区域地下水三维流理论与地下水生态学为支撑,运用数值模拟分析方法,开展地下水涵养效应分析研究;以工程调蓄方案与调度技术为核心,运用河湖水系多维仿真模型,研究区域水系调蓄能力与地下水涵养效应提升关键技术。

基于以上研究,形成河湖生态水系联防联排、联调及地下水涵养的防洪调度与保护地下水的关键技术。既能为进一步减少区域防洪减灾压力提供保障,又能提高水资源综合利用效率,减缓地下水漏斗的形成与扩展,同时为管理与规划设计部门提供决策支持和技术依据,对其他区域水系联合调度与地下水保护的工作开展起到指导、借鉴作用。研究成果对实现区域防洪安全、生态安全、水资源高效利用安全等具有重要的理论价值与实际意义。

1.2　国内外研究进展

1.2.1　水系调蓄能力研究进展

1.2.1.1　国内水系调蓄能力研究进展

水系结构与河网调蓄能力有着密切联系,水系结构发生变化将会对水系调蓄能力造成很大影响。目前,一般采用两种方法对水系调蓄能力进行研究:一是使用水文模型对河网的水文特征进行模拟,在得到具体的水文过程后,分析模拟结果从而确定河网调蓄能力的变化;二是利用回归分析方法得出河网结构数据和径流数据两者之间的关系[1]。

国内针对河湖调蓄能力的分析主要集中在区域河网水系及湖泊的调蓄能力的研究上,这是因为大型湖泊流域对洪水的调蓄作用显著,研究结果在时间上的差异性较大,更能深刻反映出调蓄能力的变化。王腊春等[2]采用非恒定流计算方法计算得到太湖流域河网的调蓄量约为太湖调蓄量的50%,对缓解太湖流域的洪灾起着举足轻重的作用。吴作平等[3]通过建立的反映湖泊调蓄作用的河网模型,采用1996年和1997年的荆江-洞庭湖河网水系的水文资料进行对比计算,表明该模型计算值和实测值相吻合,能够客观反映出湖泊的调蓄作用。刘娜等[4]基于洞庭湖1980年、1990年、2000年、2005年的景观格局和水文实测数据,探讨了景观格局对水文调蓄功能的影响,表明两者存在相关性,最大关联度达到0.77。袁雯等[5]通过分析不同城镇化水平地区的河流结构特征,探讨河流结构对调蓄能力的影响,发现河网调蓄能力受低等级河道的数量与结构的影响较大。曾娇娇等[6]以清远县澜水河为例,运用平均排除法、调蓄演算法、河网水动力模型法计算排涝流量,研究得出河网水动力模型法的计算结果符合实际,可广泛应用。

1.2.1.2　国外水系调蓄能力研究进展

2000年,斯德哥尔摩讨论会上提出了"水安全"这一概念。全球水利工作者开始对洪水的相关方面提升了关注度,更加深入地研究洪水的特性。尤其近些年全球水涝现象极为普遍,这也催生出一批学者展开对河网调蓄能力的研究。Dimitry 等[7]对意大利 Tagliamento 流域洪泛区调查分析得出洪泛区面积之于水位、河岸线长度之于水位的数学关系。Hollis 研究城镇化对洪水的影响时发现,城镇化对河流泄洪特征的影响是明显的,结果就是洪水流量增加且重现期缩短。法国河流 Rhone 百年来受到人为活动的干扰和有意的改造,Am-aud-Fassetta 对其纵剖面、河流平面、横断面形态做了全面的分析,发现河流形态发生了显著的变化,这直接导致了洪灾风险和危害程度的增加。

以上国外学者的研究证明,河网调蓄能力的下降与水系结构遭受人类活动的改造相关,而调蓄能力的下降导致洪水流量增加,提升了洪灾风险和危害程度。

1.2.2 水资源调度研究进展

1.2.2.1 国内水资源调度研究进展

国内对灌区水量调度、区域水量调度、流域水量调度、跨流域水量调度的研究都取得了较好的成果。翁文斌等[8]在宏观经济、生态环境系统中加入区域水资源规划,建立了宏观经济、生态环境以及水资源规划共存的多目标决策分析模型,用交互的 Tchebycheff 解法解多目标群策分析模型,实现了宏观经济、生态环境与水资源的综合调度。

张文鸽[9]以水资源系统的构成及其特点为基础,建立了区域水质-水量联合调度模型,基于 Matlab 工具箱的模型求解方法,对区域需水量预测中的应用 BP、GM 等多种求解进行了研究,最后通过实例研究实现了水量联合调度。周念清等[10]利用 MIKEBASIN 建立水资源配置模型,对许昌县水资源供需平衡进行研究,分析不同规划水平年的供需平衡,得到不同年份情况水量供需调配方案,达到了水量的供需平衡,从而实现了水资源的高效利用。

杨元昊[11]基于 ArcGIS 流域地理信息处理技术和 Mike 水动力模型计算软件,研发了 Mike11 模型批处理工具,实现了一维水动力模型的批量建立、计算与结果提取功能。梁益闻[12]构建了城市河湖闸泵群防洪排涝优化调度模型,并将其在武汉逊湖水系进行了应用。

陈炼钢[13]基于多闸坝大型河网水量水质耦合数学模型,针对淮河中游河网水流水质特点,构建了分块组合、一二维嵌套的淮河中游河网水量水质耦合数学模型,率定和检验结果表明,所建水量水质耦合数学模型较好地反映了淮河中游河网在闸坝调控下水流及污染物演进的规律和特征。曾凯[14]在 Mike11 一维水动力模拟的基础上,利用基于河流生境基本要素的湿周法和生态水力学法计算了通顺河武汉段沿程典型断面的河道内生态流量,确定了通顺河武汉段生态需水量的最小阈值。张帆[15]运用 Tennant 法对河流生态需水量分析计算,同时考虑河流水面蒸发需水量、渗漏需水量以及河道外绿化带需水量,得出城市水系所属河流的最小生态需水量、适宜生态需水量以及最佳生态需水量,并为闸坝水质水量联合调度提供推荐值。刘芹[16]建立了多时段多闸联合防洪的闸群防洪体系优化调度模型,在应用优化调度模型对平原地区河网进行水力计算的基础上,实现闸群防洪体系的优化调度,获得逐时段闸群运行的最优策略。

郭亚萍[17]研究了泗河流域内水系连通性的内涵、影响因素以及评价指标,并进一步探索了流域内水量调度对水系连通性的影响。魏娜[18]提出了确定河道内生态环境需水的计算方法和水利工程生态调度二层结构方法,构建了相应的模型,并对典型水利工程优化调度方案进行了研究。

目前,我国对水量调度的研究在北方地区开展较多[19-24],一些研究成果已经在水资源管理中得到了很好的应用,如黄河流域、黑河流域、塔里木河流域、渭河流域和南水北调工程等目前均已实施了年度水量调度工作,并颁布了相应的水量调度管理办法,调度实施效果已初步显现。

1.2.2.2 国外水资源调度研究进展

国外对水资源调度的研究始于 20 世纪 40 年代,最早由 Mass 提出了水库调度模型。随着数学规划和数值模拟技术的发展及其在水资源领域的应用,水资源调度的研究成果不断增多。

1987 年,Willis 等针对地表水库与地下水含水单元的多水源问题,建立了水量调度模型,并采用线性规划进行了求解。Nebulas 等通过动态规划法对包括地表水与地下水在内的多水源水量调度模型进行了求解。

20 世纪 90 年代,随着日益增长的水污染情况,传统的以供水量和经济效益最大为水资源调度目标的模式已不能满足需要,全球范围内开始关注水量调度问题中的水质约束。

1997 年,Wong 等将水污染防治措施加入了地表水、地下水联合调度的研究中,体现了水质与水量综合考虑的思想。进入 20 世纪 80 年代后期,随着水量调度中新技术的开发、水资源水量水质理论的不断深入,水量调度进一步发展。Afzal 等针对某一灌溉渠建立了水质水量联合调度模型。Watkin 等建立了伴随风险和不确定性的水量调度模型,并采用大系统的分解聚合算法对非线性混合规划模型进行了求解。随着各类数学模型与理论的提出与研究,水量调度逐渐走向成熟,并在实际应用中取得了显著的效果。

1.2.3 地下水涵养研究进展

1.2.3.1 国内地下水涵养研究进展

我国的人工补给地下水较大规模的研究和应用开始于 20 世纪 60 年代。涵养地下水可以缓解供水紧张压力,同时也是东部沿海地区防止地面沉降和抵御海水入侵的主要措施[25-27]。

上海、北京、天津、西安等许多大城市和北京西郊、陕西富平、河北南宫等一些典型地域均进行过较大规模的人工补给地下水试验,农业种植区的地下水人工补给工作也不断开展,如华北平原、关中平原等。

董艳慧[28]探究了减少开采量以及加入管井回灌等工程措施对西安市超采严重的地下水漏斗区的补给效果。丁昆仑[29]提出了针对北方干旱半干旱地区的地下水涵养相关手段,并分析了涵养地下水对经济、环境和社会的效益。武景堂[30]针对河北省元氏县地下水资源不足的现状,充分利用天然河道等自然条件对地下水进行补给,在补给过程中合理地调度外来地表水不断补给当地河流,形成长效补给。刘家祥等[31-32]在北京将试验地点按水文地质的不同,划分成不同的单元,开展了多种形式的回灌试验,为涵养地下水提供了多种可行方案。

刘灿等[33]采用原型河道现场试验方法,通过水位仪观测不同挡墙后各测点地下水位数据,定性分析生态挡墙和传统挡墙对地下水的涵养作用,选取具有代表性的观测数据,计算地下水对河道水的净补给量及反补给量。

艾合买提江·艾木拉等[34]在新疆和田灌区进行了静水侧渗试验,并定性分析了不同衬砌类型渠道的渗漏效果。平建华等[35]利用同位素技术研究河水侧渗对地下水的补给关系及影响范围,通过分析水量和过水过程历时对单位河长渗漏率的影响,研究河道渗漏特征、地下水埋深值与单位河长渗漏率的关系、河道渗漏损失率与上游引水的关系、河道入渗补给系数的定量分析,探求河道渗漏补给地下水的规律。

1.2.3.2　国外地下水涵养研究进展

地下水调蓄涵养具有悠久的历史。早在 19 世纪法国就有堤坝蓄水以补给地下水的实例[36],英国城市供水中广泛采用了人工补给地下水的方法涵养地下水[37],沙特在其东部地区进行了地下水补给工程研究,以缓解沙特严重的地下水枯竭,随着地下水渗透理论的提出,大规模的地下水调蓄涵养试验(人工补给)研究广泛开展起来[38]。在德国,利用洼地、沟渠以及竖井等各种方法进行地下水人工补给[39]。

20 世纪 50 年代起,荷兰开展了大规模的地下水人工补给工作及其研究,以防止海水入侵城市地区[40]。苏联、日本等国家分别针对本国实际开始地下水人工补给工作,并对其中的关键问题如回灌速率等进行了深入研究[41-42]。以色列水资源极其贫乏,自 1964 年全国唯一的地表水源——北部山区太巴湖通过建立供水管线,将地表水、地下水、洪水(通过拦洪工程)及其再生水连成一体,对地下水进行季节性人工回灌,从而使得北部地区的水资源能够更好地利用,并得到统一管理和调控[43]。

1.2.4　地下水数值模型研究进展

1.2.4.1　国内地下水数值模型研究进展

国内对地表水与地下水耦合模型研究与国外相比起步较晚,但通过对已有模型的研究分析,取得了一定的成果。

蒋业放等[44]对河流与含水层之间的交互作用,建立了河流-地下水耦合模型,该模型能够很好地模拟地表水与地下水之间的转化过程。易云华等[45]提出几种河流入渗过程及对应的数学表达式,并建立了地表水与地下水的耦合模型。胡立堂等[46]利用含水层越流系数的计算方法建立了河流水量模型与三维地下水模型耦合模型,能够有效地预测地表水-地下水转化量的变化趋势。武强等[47]将地表河流一维明渠非恒定渐变流与地下水拟三维非稳定流运动进行耦合,提出了地表河网与地下水流耦合模拟算法。陈喜等[48]基于 MODFLOW 建立了平原区降水-土壤水-地表水-地下水"四水"转化模型,该模型基于水文物理过程构建,以包气带土壤水分控制各种水分转化关系,模拟大气降水、地表水、土壤水、地下水之间的相互作用。凌敏华等[49]以饱和与非饱和带耦合模型 UZF1-MODFLOW 为基础,扩展地表径流、地表产汇流以及河道演算等地表水文过程,构建了一个地表水与地下水耦合数值模型。

1.2.4.2　国外地下水数值模型研究进展

国际上对地表水与地下水流联合模拟研究开展得比较早,早在 20 世纪 60 年代,Buras[50]第一次运用动态规划方法建立了地下水-地表水联合模型。随后,Freeze 和 Harlan[51]首次阐述了流域尺度上的水文响应耦合模型的概念以及理论。Pikul 和 Street[52]耦合了一维的 Richards 方程与 Boussinesq 方程来模拟地下水位。Haimes 和 Dreizin[53]将河流以及下伏含水层以及下游水库联合起来进行模拟研究,取得了较好的效果。

随后,地下水-地表水联合应用问题得到广泛关注,众多学者开始了深入的研究。Govindaraju 和 Kavvas[54]首次阐述了联合一维地表渠系水流以及三维变饱和地下水流的模型框架并进行应用研究。Woolliser 等[55]将地表水流模型与地下水 Smith-Parlange 渗透模型进行耦合来研究地下水-地表水的相互转换关系。Jobson 等[56]在 Modflow 中加入了 Daflow 模型,提出了 Modflow-Daflow 模型,通过河流与其地下水之间的水头差以及河床参数计算河流与地下水的交换量。

Vanderkwaak 等[57]针对 Oklahoma-Chickasha 地区,将二维的地表水模型与三维的变饱和地下水模型进行耦合,提出了著名的水文模型 InHM。Panday 和 Huyakom[58] 提出了MODHMS,这是一个基于物理空间分布的将地表水和地下水完全耦合的模型。Maxwell 等[59]提出了将 Common LandModel(CLM)-ParFlow 模型,通过包气带进行耦合,对表层的地表水运动和饱水带的地下水运动分别进行模拟。

Kollet 等[60]将地表水模块作地下水模块的上部边界条件进行耦合。Kim 和 Chung 等[61]将 SWAT 模型与 MODFLOW 模型进行耦合,实现了地下水-地表水的松散耦合。Partington 等[62]利用 HydroGeoSphere 模型对 Synthetic 流域的地下水-地表水进行联合模拟研究。

1.3　主要研究内容

1.3.1　区域河湖水资源结构及水网调蓄能力研究

基于河湖的洪水资源结构分解研究,建立洪水资源利用蓄水模型,基于洪水模拟与预报,研究不同暴雨频率下的洪水资源调蓄能力。具体如下:

(1)从维护水系的生态平衡和量化洪水资源的角度出发,建立河湖水网的水资源结构分解模型,将河流水资源划分为生态水量、安全水量、风险水量和灾害水量四部分,研究提出洪水资源量的计算方法。该理论为量化水网调蓄能力,实现水网多维联合调度提供理论依据。

(2)综合考虑需求、可蓄水量以及蓄水时可承受的风险等因素,提出区域水网蓄水模型。根据蓄水前后防洪能力的变化,提出蓄水模型应用风险分析标准及其评估方法。

(3)基于洪水预报的水网调蓄能力。利用 Mike、Matlab 等软件对河湖水网进行洪水模拟,通过对历史实测流量的模拟建立洪水预报模型,研究不同暴雨频率下的水网调蓄能力及其风险标准与评估方法。

1.3.2　区域河湖水网资源调度关键技术研究

对流域水循环、河湖水动力与闸泵联合调度关联性进行研究,以地理信息系统为基础,综合研究区地形地貌、河湖水系、桥梁涵洞、水利工程等,研究构建区域河湖水网多维仿真模型,研究防洪安全、水生态安全与洪水高效利用安全的河湖水网资源调度关键技术,提出多种联合调度方案,形成区域水网多维联合调度的关键技术。

1.3.3　基于区域河湖水网多维联合调度的地下水涵养效应研究

在区域地质结构与区域面积对降雨入渗影响研究的基础上,分析不同雨强和不同初始含水率下的降雨与水网入渗差异,运用数值模拟分析方法,分析河道地表水与地下水转换量、水源置换量等,研究不同调度与调蓄方案下地下水的涵养效应。

1.3.4　不同情景下河湖水网调蓄能力与地下水涵养效应预测

基于河湖水网调度技术、调蓄能力与地下水涵养效应研究,运用河湖水网仿真模型,在研究提升调蓄能力的多维、多组合工程方案的多情景条件下,对河湖水网的调蓄能力与地下水涵养效应进行预测,以期为河湖水网的防洪调度与生态治理提供决策依据。

1.3.5 系统功能模块研发

基于区域河湖水资源结构及水网调蓄能力研究、水网多维联合调度关键技术与地下水涵养效应研究,进行技术集成,研发区域水网多维联合调度与地下水保护的系统功能模块,为亚洲开发银行贷款地下水治理项目信息化系统开发提供功能模块支撑。

1.4 研究方法与技术路线

根据已有研究资料和现场实地调研资料,结合水文、气象、自然地理条件以及河湖水网工程背景、洪水资源特点等要求,利用现场试验与数值模拟的方法开展集防洪减灾、水网生态、水资源科学调度与地下水涵养于一体的水网调度与地下水保护综合技术研究。

研究技术路线如图 1-1 所示。

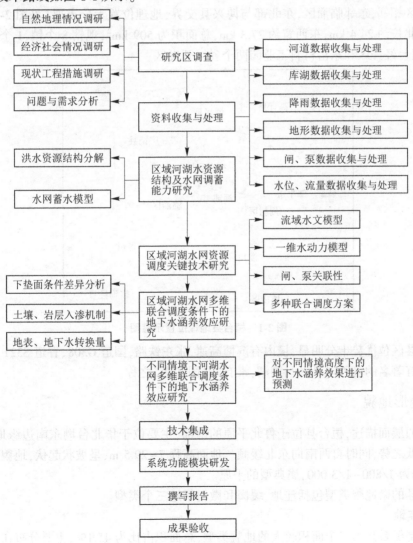

图 1-1 研究技术路线

第 2 章　研究区概况

2.1　自然概况

2.1.1　地理位置

桓台县是淄博市的直辖县之一,位于淄博市中心城区以北、小清河以南的区域,处于东经 117°50′~118°10′,北纬 27°06′~36°51′。桓台县北邻高青县,西邻邹平市,西南接周村区,南与张店区相邻,东邻临淄区,东北部与博兴县交界,地理位置十分重要(见图 2-1)。整个桓台县南北长约 24.4 km,东西宽约 27.3 km,总面积为 509 km²,现辖 8 个镇、1 个街道办事处,以及桓台经开区和东岳材料工业园两个省级开发区。

图 2-1　桓台县地理位置示意图

桓台县区位优势十分明显,境内有滨博高速、张东铁路,国道 G308、省道 S321 通过。桓台县境内有著名的名胜风景区马踏湖,素有“北国江南”之称。

2.1.2　地形地貌

从大的层面描述,桓台县位于鲁北平原的南部,主要位于华北台坳东南边缘地带,地势呈南高北低之势,同时自西南向东北缓倾。地面高程 7~29.5 m,呈坡状起伏,地貌类型差异不大,比降为 1/800~1/3 000,属典型的平原。

桓台县的微地貌类型包括洼地、缓岗和微斜平地三个类型。

2.1.2.1　洼地

洼地是桓台县第二个面积较大的地貌类型,总面积占比为 45.1%,主要分布在南干渠以北。土壤主要有褐土、砂姜黑土和潮土三种,均态分布。地下水埋深较浅,仅有 1~4 m,其中在荆夏公路,东刘至鱼龙段,狭长形分布一盐化潮土区。

2.1.2.2　缓岗

桓台县共有 7 个缓岗,总面积占比为 5.5%,主要位于南干渠以南。地下水主要是潜水,埋深 10 m 左右,矿化度为 1 g/L,属淡水。土壤类别主要是褐土,大部分为中壤,部分轻壤,分层质地不明显。

2.1.2.3　微斜平地

微斜平地是桓台县主要的微地貌类型,总面积占比达到 49.4%,以南干渠为界进行分布,以南地域基本上均为微斜平地,地面高程 27~10 m,比降为 1/800~1/1 500。此部分的潜水属淡水至弱矿化水,埋深为 13~3 m,矿化度为 0.29~1.97 g/L。

桓台县境内大大小小的河流有 10 多条,由南向北流向的主要有乌河、东猪龙河、西猪龙河和涝淄河,由东向西流向的主要有小清河、杏花河、胜利河、孝妇河和预备河等,这些河道承担着桓台县的行洪和排涝任务[63]。桓台县地形如图 2-2 所示。

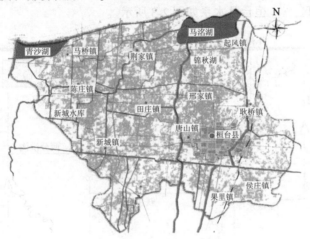

图 2-2　桓台县地形

2.2　水文气候

2.2.1　气候及降雨情况

桓台县为暖温带大陆性季风型气候,气候特点是气候温和、四季分明。全年统计数据无霜期为 188~207 d,年平均气温 12.5 ℃。桓台县多年平均降水量略低于全市平均降水量,为 586.4 mm,降水期主要集中在夏秋两季,夏季降水量占全年降水量的 61.6%,达到 361 mm;秋季降水量占全年降水量的 17.2%,达到 100.9 mm;冬季是降水最少的季节,仅为 53.2 mm。因此,桓台县极易出现冬春连旱、夏秋内涝的状况。

2.2.2　暴雨特征

桓台县的暴雨一般发生在 6~9 月,历史上集中在 7~8 月的频次最高,近年来 8 月发生暴雨的概率加大。暴雨的分布极不均匀,最早在 4 月,有可能出现在 10 月,而且出现暴雨时呈现高度集中的情形,最大 2 h 雨量平均占暴雨总量的 46%,最大 6 h 雨量占 78%,最大 12 h 雨量占 90%以上。

2.3 河流水系

桓台县的河流均属于小清河水系,共有 11 条河流。其中主要河流小清河为省管河道,孝妇河、乌河和东猪龙河为市管河道,均为流域面积较大的河流;另外,桓台县的青杨河–杏花河、胜利河、人字河、西猪龙河、预备河、涝淄河、友谊沟、大龙须沟及东部排洪沟均为县境内较大的支流,承担着排泄洪水的主要功能。以上这些河流除小清河和杏花河、预备河在县境北部边境由东向西排泄河水外,其他的河流受地形影响均呈由南向北流向,汇入小清河后流入渤海。孝妇河经邹平进入桓台后由东向西横穿桓台县,是桓台县骨干排水河流。而乌河、东猪龙河这些南北走向河道的河水流量随季节性变化较大,同时在桓台县水系中的位置是处于最下游的地区[63]。桓台县水系如图 2-3 所示。

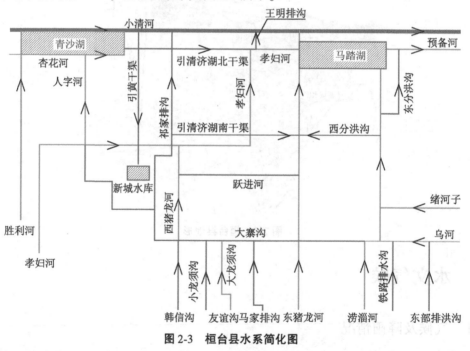

图 2-3 桓台县水系简化图

2.3.1 小清河干流

小清河是桓台县的过境河道,从以前的防洪、排水、灌溉和航运综合利用的功能,到目前主要是工业和生活污水的排水河道。小清河对于桓台县非常重要,是桓台县重要的排水河道,全长 260 km。

小清河属六级航道,桓台县境内河道顺直,从邹平县流入桓台后向东经崔家东北处进入博兴县,长 18.8 km,多年平均径流量为 4.5 亿 m^3。按照山东省小清河防御洪水预案,金家闸排涝水位为 11.23 m,排涝流量为 260 m^3/s,防洪水位为 12.28 m,防洪流量为 500 m^3/s。

2.3.2 小清河支流

2.3.2.1 孝妇河

孝妇河历史悠久,横穿大半个淄博市,孕育了淄博的孝文化,被称为淄博市的母亲河。孝妇河源头是博山区泉群,从南至北,流经博山、淄川、张店,由周村袁家庄处出境进入邹平县。在邹平县分为两股,一股沿胜利河分洪入小清河,从邹平分出的另一股孝妇河则流向东北,穿过马踏湖后进入博兴,通过义和闸泄入小清河。

孝妇河流域基本上位于淄博市,流域面积大,沿线支流较多。左岸主要有范阳河和汜沟河等支流,右岸主要有般阳河、漫泗河、西猪龙河等支流。

2.3.2.2 杏花河

杏花河发源于博山区双堆山北麓,流经淄川、周村区并入章丘县、邹平县后入桓台小清河,县境内长 6.3 km,流域面积 32.4 km²,在金家拦河闸注入小清河。

2.3.2.3 东猪龙河

东猪龙河是桓台县的主要排水河道之一,发源于淄川区。东猪龙河比较顺直,由南向北依次穿过张店区、高新区和桓台县,是马踏湖的主要补水河道。东猪龙河县境内长 23.7 km,流域面积 190 km²。东猪龙河经过了多次治理,上下游标准不一,张店区能达到 100 年一遇的标准,高新区未治理段达到 20 年一遇标准,下游的桓台县多数河段仅达到 10 年一遇标准,泄洪能力达到 44.9~55.4 m³/s。

2.3.2.4 西猪龙河

西猪龙河长 29 km,流域面积 220 km²。西猪龙河源头位于张店马尚镇,流经桓台新城、田庄两镇后在付桥村附近汇入孝妇河,是一条引、蓄、排并举的河流。

2.3.2.5 乌河

乌河是桓台县东部重要的排水河道,自临淄区南部山丘起源,流经桓台县东部的侯庄、索镇、耿桥、起凤等乡(镇),在夏庄村北入预备河后进入博兴。乌河流域面积为 483 km²,桓台县境内河长约 24.5 km。

由于在泉群附近无序开采地下水,导致泉群断流,乌河成为周边大中型企业的排污河道,其主要支流是涝淄河。

2.3.2.6 涝淄河

涝淄河流经临淄区、张店区、高新区后,过甘家村进入桓台县境内,向北汇入大寨沟,经大寨沟汇入乌河,流域面积 107 km²,县境内长 8.8 km,主要排放上游地区工业废污水。

2.3.2.7 预备河

预备河由西向东横穿马踏湖,在夏庄村东出境流入博兴县,县境内长 8.0 km,流域面积 122.2 km²,是马踏湖排水的主要出口。

2.3.3 湖泊

2.3.3.1 清沙湖

青沙湖位于小清河中游桓台县的马桥镇和邹平市焦桥镇境内,北以小清河为界,南以杏花河为界,东西长约 7 km,南北平均宽约 2 km,胜利河贯穿其中分成东、西两湖,承接上游孝妇河洪水,经青沙湖滞蓄后入小清河分洪道。湖区总面积 10.2 km²,其中淄博市桓台县境内 6.6 km²。

主要建筑物为胜利河入清闸,该闸 4 孔,单孔净宽 10 m,高 6.2 m,最大过流能力 660 m³/s。青沙湖设计最高蓄水位 12 m,蓄水量 2 476 万 m³;现状最高蓄水位 11.5 m,蓄水量 803 万 m³,其中淄博段 552 万 m³,滨州段 251 万 m³。

2.3.3.2 马踏湖

马踏湖是小清河南岸最大的洼地,整个湖区包括麻大湖和锦秋湖两部分。麻大湖位于桓台县起凤镇和博兴县湖滨镇境内,锦秋湖位于桓台县的邢家、荆家、起凤三镇境内。入湖河道有老孝妇河,西、东猪龙河,乌河等,流域面积 1 100 km²,调蓄后经院庄闸泄入预备河。当小清河干流遇超标准洪水时,在可能的情况下,限时开启义和闸向麻大湖实施非常分洪措施。麻大湖设计最高蓄水位 7.5 m,蓄水量 2 200 万 m³;现状最高蓄水位 7.1 m,总蓄水量 1 200 万 m³,其中桓台县境内蓄水量 800 万 m³。

2.4 水文地质条件

2.4.1 含水层划分

根据地下水的含水介质性质,可将桓台县内地下水含水层划分为松散岩类孔隙水含水层和碳酸盐岩类岩溶水含水层两大类。前者(新近系、第四系松散岩类)分布范围广、厚度大,其内蕴藏着较丰富的孔隙水,因而也是本区最具供水意义的含水层;后者主要在县内东南部的侯庄一带分布,隐伏于第四系地层之下,分布范围较小。

2.4.1.1 松散岩类孔隙水含水层

松散岩类孔隙水含水层岩性以粉砂、细砂为主,含水砂层与相对隔水的黏性土层相间分布,天然状态下含水岩组呈多层结构。不同深度农灌井的开采加强了不同含水层之间的水力联系,从而将上部含水层人为沟通为一个含水整体,具备相似的水文地质条件和动态特征。

桓台县内早期施工的城乡生活用水井井水深度较浅,因农灌井深度的不断增加,改变了早期的水文地质条件,形成了浅、深含水层混合取水,增强了各含水层的水力联系。这些水井因所利用含水层存在较大差异,其动态特征亦存在较大差异。因此,本次含水岩组的划分与目前工业、城乡生活开采井、农灌机井取水段深度相对应。

根据地下水动力特征、含水层分布情况、水质特征和供水水文地质条件等因素,桓台县内孔隙水可大致分为两层:第一层为潜水、微承压的浅层孔隙水含水层,含水层底板埋深南部为 70~90 m、北部为 90~110 m;第二层为深层承压孔隙水含水层。在深、浅含水层的中部为相对隔水层,限制了浅、深孔隙水的水力联系,其底板埋深南部为 80~100 m,北部为 100~130 m,该层以黏性土为主,含水砂层不发育,富水性较弱,整体上形成了一个相对隔水层。

深、浅含水层补排条件有明显的区别。浅层含水层可直接接受降水和地表水的渗入补给,而深层含水层补给途径较长,只能间接通过侧向径流和层间越流接受补给,其排泄强度和开采方式也各有特点。由于上述因素制约,深、浅含水层的水质、水位、富水性及动态变化特征亦有明显差别。

综上所述,桓台县内松散岩类孔隙水含水层可分为浅层、深层两个大的含水层,两个含水层之间为相对隔水层。几个层的形成既有自然因素,也有人为因素。浅层含水层因其水量丰富,分布稳定,易开采,是本区农业灌溉所利用的主要含水层;相对隔水层为具备保护功能的中介层,深层含水层水井往往将其作为止水段;深层含水层水质较好,是生活用水和工业用水的主要水源。

2.4.1.2 隐伏灰岩岩溶水含水层

该层分布于东南部边缘果里镇侯庄一带,埋深 $100 \sim 300$ m,局部小于 50 m,单井涌水量 $1\,000 \sim 1\,500$ m³/d。受矿区排水和地方开采影响,岩溶水水位埋深较大,从而接受上覆第四系孔隙水的入渗补给。

2.4.2 含水层分布特征

2.4.2.1 浅层孔隙水含水层分布特征

浅层孔隙水含水层分布特征受砂砾层发育状况、水位埋深和沉积过程中古河道带展布情况等多重因素的控制,埋藏深度一般小于 100 m,岩性主要为粉砂、粉细砂、细砂及中细砂,其中以粉细砂分布最广。砂层一般 $3 \sim 6$ 层,埋深 $3 \sim 70$ m,总厚度 $5 \sim 30$ m。各层间无稳定隔水层,水位变化基本一致。

中南部含水层砂层较厚,颗粒较粗,富水性较强。在新构造运动中和古河道摆动作用影响下,受古沉积环境的控制,北东向展布了 4 个条带状古河道砂层富集带和相应的富水带。分布情况为:西北部"南薛庄—姚郭—陈桥"一带,现状含水砂层厚度大于 15 m,最厚达 20 m;"刘三里—西贾"一带,含水层厚 $10 \sim 15$ m;"于堤—前七—前诸"一带,含水层厚度大于 15 m;另外,东北部东巩一带砂层厚度大于 15 m。以上各古河道带富水性较强,推算 6 m 降深,单井涌水量大于 $1\,000$ m³/d。

上述各条带之外的古河道河肩带含水砂层厚度一般小于 15 m,颗粒较细,富水性相对较小,单井涌水量一般为 $700 \sim 1\,000$ m³/d,杨桥、唐山等处单井涌水量 $500 \sim 700$ m³/d。湖区华沟、鱼龙等处砂层厚度小于 10 m,含水砂层薄,加之处于黄泛带边缘,砂层颗粒细,其富水性较弱,一般单井涌水量小于 500 m³/d。

2.4.2.2 深层孔隙水含水层分布特征

深层孔隙水含水层底板埋深变化较大,由南部的 180 m 到北部的数百米不等,仅东南部局部受金陵隆起的影响,底板小于 100 m。深层孔隙水含水层顶板埋深中南部为 $80 \sim 100$ m,北部为 $120 \sim 140$ m。深层孔隙水含水层富水性分区如图 2-4 所示。

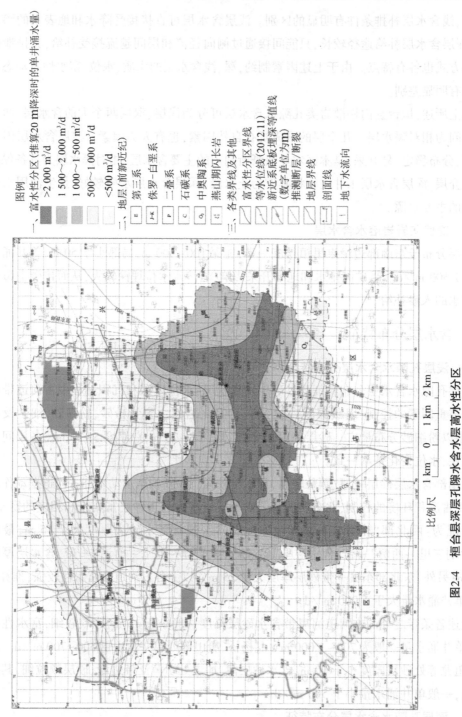

比例尺　1 km　1 km　0　1 km　2 km

图2-4　桓台县深层孔隙水含水层高水性分区

本区深层孔隙水含水层受古沉积环境控制。厚度大于 60 m 的含水砂层主要分布于古河道主流带内。古河道自西南部的太平村进入本区,于耿三里村向东部延伸,经玉皇阁出本区,古河道整体发育方向为东西向,并于东、西部各出现一个分支,西部由新杨村延伸至曙光村,东部由索镇驻地延伸至河崖头村。古河道主流带内含水层岩性由含砾中粗砂渐变为中细砂,西南部见砾石。古河道主流带内因为砂层厚度大,颗粒较粗,砂质较纯净,富水性强于其他地区,推算 20 m 降深,单井涌水量大于 2 000 m³/d。古河道主流带两侧属泛流带,含水砂层厚度变薄,颗粒变细,岩性一般以中细砂为主,泥质含量增加,厚 40~60 m。推算 20 m 降深,单井涌水量 1 000~2 000 m³/d。

本区东南部果里镇地区为岩浆岩侵入区和奥陶系灰岩隐伏区,新近系厚度小于 200 m,砂层厚度小于 30 m,岩性以细砂为主,推算 20 m 降深单井涌水量 500~1 000 m³/d。古河道泛流带的北部、西北部地区,砂层岩性以粉细砂为主,厚 20~40 m,泥质含量增加,含水层富水性进一步减弱,推算 20 m 降深单井涌水量 500~1 000 m³/d。本区的马桥镇、起凤镇地区含水砂层岩性以粉细砂为主,厚度小于 20 m,属本区富水性最弱地区,推算 20 m 降深单井涌水量小于 500 m³/d。

2.4.2.3　隔水层分布特征

该层为浅、深两层孔隙水的中间隔离层。其主要岩性为粉土和粉质黏土,厚度一般为 10~30 m。隔水层中夹 1~3 个透镜状砂层,其岩性以细砂、中砂为主,砂层厚度一般为 1~2 m,局部地段厚度为 3~5 m。第一水源地附近其顶板埋深 55~105 m,底板埋深 100~120 m;第二水源地附近其顶板埋深 95~115 m,底板埋深 120~135 m。该层具弱透水性,浅层地下水可通过越流补给深层地下水。由于该层岩性以新近系黏土为主,对来自于浅层地下水污染物质具备良好的阻隔和吸附作用,有效地保护深层水水质。

2.4.3　地下水补、径、排条件

2.4.3.1　浅层地下水补、径、排条件

1.补给条件

浅层地下水主要补给源是降水和地表水入渗,其次是灌溉回归和地下侧向径流。本区地形平缓,包气带岩性较松散,透水性好,降水能很快地入渗地下,一般不形成表流。由于区内沟渠纵横交错,闸坝截流等回灌体系较完备,丰水年、丰水期局部形成的表流也不产生外排,短时间内即可入渗补给浅层地下水。因此,本区降水入渗量占总降水量的比例较高。

地表水入渗补给地下水方式有河道沿途渗漏、引水灌溉回归和引入沟渠直接渗漏地下等。东猪龙河贯通南北,沿途渗漏加上部分河水被用来提水农灌回归,使沿岸地带地下水得到常年补给,地下水位相对较高,形成一南北向地下分水岭。北部小清河、杏花河和胜利河可视为一个统一水系,金家闸截流抬高水位后,导致其上游小清河、胜利河常年渗漏补充地下水;金家闸下游小清河水位较低,随着季节性降水变化,河水水位相应波动,与地下水位有一定水头差时便产生相互补排关系。实际上,大部分时间内河水以排泄地下水为主;北部小清河河水通过沿途扬水站和上游金家闸抬高水位用来引水入湖,直接回灌地下水和灌溉农田,从而大量渗入地下,加上近年来引黄河水入湖和灌溉,导致北部地下水补给源较充足,水位高、埋藏浅。灌溉回归补给取决于农田灌溉的状况,本区农灌条件较好,伴随着季节性农灌活动,地下水得到面状回归补给。地下水侧向径流补给则取决于地下水流场及水动力条

件。本区主要接受南部和西部的径流补给。

2.排泄条件

浅层地下水排泄途径主要为农田灌溉开采,其次是工业开采、生活饮用水开采、蒸发、地下径流和垂向越流排泄。区域内机井密布,除北部沿河和湖区开采量较小外,中南部农灌用水和部分工业用水均取自浅层地下水。北部地下水埋藏较浅,埋藏小于 3.05 m 区域内存在蒸发排泄。另外,北部金家闸下游地段地下水与河水有相互补排关系,当地下水位高于河水位时,地下水则向小清河排泄。由于区内开采地下水强度大、降深大,径流排泄量较小,只在中东部局部地段向区外径流。区内浅层地下水位普遍高于深层地下水位,存在垂向越流排泄。

3.径流条件

在天然状态下,浅层地下水由南部向北部径流。在农业开采、地表水补源和含水层导水性等人为和自然因素综合作用下,目前中部水位低于南北两侧,中东部水位受临淄区、博兴县低水位的影响,其地下水位低于全区的地下水位。地下水降落漏斗位于中部地段,漏斗中心为田庄镇政府南,位于东猪龙河与西猪龙河之间,形成四周往中部汇流的现象。中东部降落漏斗中心位于临淄区后唐村附近,地下水由西向东径流。浅层地下水位状况如图 2-5 所示。

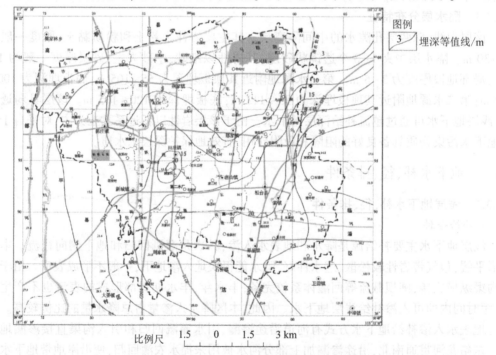

图 2-5　桓台县 2012 年末浅层地下水位等值线

南部:大寨沟以南的周家、果里等乡镇浅层地下水由南向北径流。埋深一般为 10 ~ 15 m,东边侯庄一带埋深 15 ~ 20 m,水位标高 5 ~ 18 m,水力坡度 0.7‰ ~ 3‰。

北部:该区于南干渠以北,由于地表水补给源丰富,地下水开采量小,长期处于正均衡状态,形成了高水位区。丰水期湖区埋深小于 2.5 m,西半部埋深 2 ~ 5 m,标高 2 ~ 6 m;枯水期由于漏斗向北扩展,区内水位也普遍下降,湖区埋深 2 ~ 5 m,西部埋深 3 ~ 6 m,标高 4 ~ 8 m。

中部:该区介于上述两区之间,中部地带水位变化大,流场复杂,在中部形成范围较大的降落漏斗。漏斗中心埋深为 17 ~ 22 m,水位标高最低值小于 -5 m。

东部:该区受博兴县、淄博市临淄区浅层地下水低水位影响,除湖区地下水位埋深较小外,其他地区地下水位埋深较大。区内索镇崔茅附近最大水位埋深达到 38.00 m,水位标高达到-19.24 m。

上述情况说明中部和东部漏斗区应作为重点,加快调整工农业开采量,增加地表水源,补充改善地下水源。

2.4.3.2　深层地下水补、径、排条件

1.补给条件

桓台县内深层地下水埋藏深度大,主要接受南部和西南部的侧向径流补给,其补给源来自于淄博市的东南部山区,补给途径较远。据流场特征,现状条件下深层地下水位低于浅层地下水,可通过越流、含水层连通和深井串通等方式接受浅层水补给。

2.排泄条件

深层地下水主要排泄项有工业和城乡生产开采,在桓台县的西北部和东北部存在向区域外的径流排泄。

3.径流条件

桓台县深层地下水总体由南部向北部径流。在工业和生活用水井的超量开采下,水位呈逐年下降趋势,目前于马桥、田庄—唐山已形成降落漏斗。其中马桥漏斗既受金城石化集团和博汇集团工业开采的影响,又受到高青开采漏斗的影响,该漏斗扩展速度较快,如辛庄附近 2009 年 7 月水位埋深为 68.21 m,而 2012 年 8 月水位埋深已达到 85.60 m,水位标高达到-74.89 m,年降幅达到 6.00 m;田庄—邢家漏斗主要受附近工业开采影响,漏斗中心位于东岳集团附近,2012 年 3 月水位埋深达到 90.00 m,水位标高达到-78.49 m。地下水总体流向由西向东径流,深层地下水位埋藏状况如图 2-6 所示。

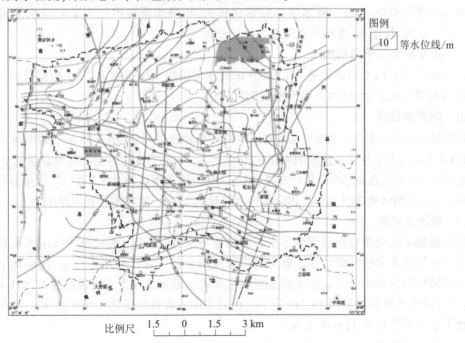

图 2-6　桓台县 2012 年末深层地下水等水位线

区内深层地下水埋深变化较大。西南部深层地下水的开采主要为生活饮用水的开采,工业开采量较小,其西南部、西部补给条件较好,地下水位埋深为 13.00~45.00 m,水位标高 8~-15 m;东南部除生活饮用水的开采外,果里镇附近企业较多,工业开采量增加,并且受县城水源地开采影响,地下水位埋深 30~60 m,水位标高-10~-35 m;中部地区田庄镇、新城镇、唐山镇、邢家镇大型企业较多,工业开采量大,县城水源地最多时有 11 眼井同时开采,深层地下水的过量开采,在上述地区已形成大范围的降落漏斗,漏斗中心为东岳集团所在地,漏斗周边水位埋深为 50~70 m,水位标高-30~-50 m;西北部由于金城石化集团、博汇集团等企业深层地下水的开采量大,同时受高青县降落漏斗的影响,形成以金城石化集团所在地为中心的降落漏斗,漏斗中心水位大于 85 m,漏斗周边地下水位 60~75 m,水位标高-50~-65 m。中北部的荆家镇、东北部的起凤镇以生活饮用水的开采为主,企业开采量较小,地下水位埋深为 55~65 m,水位标高-45~-55 m。

2.5　水资源开发利用概况

2.5.1　水资源概况

2.5.1.1　降水资源

桓台县多年平均降水量为 567.1 mm,折合降水量 28 298 万 m³。年平均降水量等值线与地形等高线的走向大致相同,基本呈东西走向,降水量分布趋势是自南向北递减,局部受地形、气候影响有所差异。降水量年内分配不均,季节性变化非常明显,呈现春季干燥多风、夏季炎热多雨、秋高气爽少旱、冬季寒冷少雪的气候特点。汛期降水量占全年的 72.1%,其中 50% 以上集中在 7~8 月。降水量年际变化较大,年降水量极值比为 3.0~4.0,变差系数 C_v 为 0.27~0.28,且连丰、连枯年也时有出现。

2.5.1.2　蒸发能力与干旱指数

桓台县多年平均水面蒸发量为 1 180.5 mm,多年平均干旱指数为 2.2。根据我国气候干湿分带与干旱指数关系,桓台县属于半湿润气候带。

2.5.1.3　地表水资源

桓台县地表径流量为 4 194 万 m³,多年平均天然径流量为 2 566.0 万 m³,其中:孝妇河区为 1 171.5 万 m³,占全县径流总量的 45.6%;乌河区为 744.0 万 m³,占全县径流总量的 29.1%;东猪龙河区为 346.5 万 m³,占全县径流总量的 13.5%;预备河区为 229.5 万 m³,占全县径流总量的 8.9%;杏花河区为 74.5 万 m³,占全县径流总量的 2.9%。多年平均径流深 51.4 mm。

2.5.1.4　地下水资源

桓台县地下水资源包括浅层地下水和深层地下水,浅层地下水又分为浅层淡水和浅层微咸水。浅层淡水和浅层微咸水主要为农田灌溉用水和少量工业用水开采,深层地下水为桓台县城镇生活饮用水及工业用水的主要供水水源。桓台县地下水资源量为 12 871 万 m³,其中:大气降水入渗补给量为 11 215 万 m³,地表水体入渗补给量为 1 656 万 m³。多年平均浅层地下水可开采量为 11 648 万 m³。

2.5.1.5　客水资源量

黄河水和长江水是桓台县的主要客水资源,根据《山东省 2011—2015 年用水总量控制指标(暂行)》的通知(鲁水资字〔2010〕9 号)等规定,桓台县引黄指标为每年 9 220 万 m³,引江指标 2 100 万 m³。

2.5.2 水利工程

桓台县地处小清河水系,主要有小清河、东猪龙河、涝淄河、乌河、杏花河、孝妇河、预备河、胜利河、西猪龙河等 9 条河流,锦秋湖、马踏湖两个湖区以及引清济湖、大寨沟、大崖沟等沟渠和 123 条排灌两用渠道,防洪灌溉回灌网络齐全,对防汛、供水、补源等发挥了重要作用。

2.5.2.1 引渗回灌渠系

1970 年新开挖了引清济湖干渠,总干渠长 7.5 km,可从小清河、杏花河引水 12 m³/s 接济湖区用水,下分为南、北两条干渠。南干渠总长 22.4 km,设计流量 10 m³/s,北干渠总长 5.8 km,设计流量 8 m³/s。两条干渠东西横穿县境中部,北部引水济湖。1971 年疏挖了大寨沟、大崖沟接长工程。东起乌河,西至孝妇河,全长 26.7 km,东西横穿县境中南部。这三条沟渠是桓台县引渗回灌渠、东西调蓄、北水南调的枢纽工程。此外,还有人工开挖的大小排灌两用渠 123 条,总长 401.2 km,纵横穿插,可引可排,形成了一个较系统的网络。在抗旱排涝中均发挥了关键作用。

2.5.2.2 水库

新城水库位于延寿县城南 16 km,玉河乡新城村西,蚂蚁河右岸一级支流石头河中游。控制流域面积 99 km²,设计洪水标准为 50 年一遇,300 年一遇洪水校核,是以灌溉为主,结合防洪、发电、养殖的综合利用水库。

新城水库水源来自引黄供水工程,总库容 2 144 万 m³,兴利库容 1 857 万 m³,目前主要向临淄区、张店区及桓台县供水。

2.5.3 地表水开发利用现状

桓台县主要供水水源为地表水、地下水和引黄客水三部分。主要用水行业分为工业用水、农业用水、生活用水、城镇公共用水、林牧渔畜用水及生态环境补水六大类型。

桓台县年总供水量为 19 225 万 m³,地表水总供水量为 9 084 万 m³。随着引黄供水量的不断增加,开采利用地下水呈逐年下降的趋势。符合淄博市"优先利用客水,合理利用地表水,控制开采地下水,积极利用水资源,推广使用再生水,大力开展节约用水"的用水方略。引黄客水量为 7 584 万 m³,占总供水量的 39.4%,呈增加趋势;引当地地表水 1 500 万 m³,占总供水量的 7.8%。

桓台县主要用水行业分为工业用水、农业用水、生活用水、城镇公共用水、林牧渔畜用水及生态环境补水,年地表水总用水量 9 087 万 m³,其中工业生产用水 6 523 万 m³,农田灌溉用水 1 463 万 m³,生态与环境补水 1 061 万 m³,林牧渔畜用水 40 万 m³。

2.5.4 地下水开发利用现状

桓台县地下水总供水量为 10 141 万 m³,地下水供水量占全县总供水量的 52.7%。其中:浅层地下水供水量 8 101 万 m³,深层地下水供水量 1 350 万 m³,微咸水供水量 690 万 m³。主要用水行业用水量为工业用水量 800 万 m³、农田灌溉用水量 7 431 万 m³、居民生活用水量 1 067 万 m³、城镇公共用水量 667 万 m³、林牧渔畜用水量 150 万 m³、生态与环境补水量 26 万 m³。

2.5.4.1　浅层地下水开发利用现状

浅层地下水主要为农业灌溉用水开采、工业用水开采、城镇公共用水开采等。全县共有机电井 12 815 眼,机井密度为 1 眼/28 亩,农业灌溉面积为 36.05 万亩,年灌溉次数为 4～5次,灌溉定额 329 m³/a。全县浅层地下水总开采量为 8 101 万 m³。

2.5.4.2　深层地下水开发利用现状

桓台县深层地下水为工业用水和居民生活用水的主要供水水源。生活用水开采量相对稳定,工业开采量近年来不断增加,处于超采状态,地下水位处于持续下降状态,集中开采区地下水位下降尤其突出。全县深井总数为 446 眼,开采量为 1 350 万 m³/a,其中工业开采量为 283 万 m³/a,生活用水开采量 1 067 万 m³/a。近年来,引黄水量不断增加,生活用水开采量保持相对稳定,工业开采量随着工业结构的调整有所减少。

2.5.5　水资源开发利用中存在的问题

2.5.5.1　洪涝灾害频发,干旱与洪涝并存

桓台县内水系连通已取得初步成果,在马踏湖和骨干河道上实施了一批河道治理工程,提高了整个区域的调蓄能力,但调蓄能力依旧不足,地表水资源得不到充分利用。汛期暴雨来临时,由于河湖水系缺乏调蓄工程措施与相应调度科学决策依据,河湖水位迅速上涨,引发洪涝灾害;暴雨过后,河湖水位迅速下降,水资源不能得到充分利用。非汛期河道内水位低,流速小,不能满足最低生态水量需求,导致水体黑臭,恶化加剧。

2.5.5.2　地下水超采严重,地下水位持续下降

桓台县 2009—2015 年平均年地下水开采总量为 12 071 万 m³,超过地下水可开采量11 648 万 m³。桓台县是井灌区,机井密度过大,单井利用率低,同时开采布局不合理,开采时间过于集中,农业用水主要集中在 3 月和 9 月,浅层地下水开采强度长期以来一直较大,造成浅层地下水位持续下降,中南部和东部地区因过量开采已形成了稳定的降落漏斗。地下水位的下降,造成水污染风险不断增大。由于浅层地下水位大幅度下降,水力坡度增大,容易诱发新的污染源,促进地表污水的下渗,地下水受到污染的风险增大。

随着地下水超采区地下水位的不断下降,导致单井出水量减少,抽水成本大幅度提高,增加了工农业生产成本,给供水安全、粮食安全造成潜在危机。地下水位的下降,引起地面沉陷、裂缝等地质灾害,桓台县域北部小清河流域地面沉降最大已超过 2.0 m,对当地水生态环境、人民生产生活带来了严重危害。

2.6　本章小结

本章以桓台县为研究对象,通过收集整理相关资料,对桓台县的自然概况、水文气象、地质与水文地质条件进行分析,并结合水资源开发利用情况,开展了研究区域水资源问题分析研究,明确了研究区域存在的主要水资源开发利用问题。

第 3 章 河湖水资源结构分解及水网调蓄能力研究

3.1 研究思路

首先,按照行洪等效性原则将研究区河网概化成 28 条主要行洪河道;其次,依据河流水资源结构分解思想,从生态、经济、防洪的角度出发,采用设防水位、警戒水位、保证水位为特征水位,将河流水量分解为生态保护水量、安全水量、风险水量、灾害水量 4 种特征水量,建立概化后 28 条河道各自的河流水资源结构分解模型。相应地,上述 3 种特征水位分别对应生态保护水位、安全水位、风险水位。通过湿周法及改进的 Tennant 法对比分析确定生态保护水位,依据各河道初步设计报告确定安全水位及风险水位,依据各河道治理工程横断面设计图纸确定灾害水位。采用断面地形法[64],依据各河道治理工程横断面设计图,利用 SOLIDWORKS 建立河道三维立体模型,并计算概化后河道的安全水量、风险水量、灾害水量。最后,将生态保护水位、安全水位、风险水位作为河网调蓄特征水位,并选取河网槽蓄容量、可调蓄容量、单位面积槽蓄容量、单位面积可调蓄容量为河网调蓄能力指标,分别将生态保护水位、安全水位、风险水位作为桓台县生态调度、资源调度、防洪调度的控制目标水位,计算上述 3 种调度情景下 4 个河网调蓄能力指标参数值,得到桓台县河网调蓄能力阈值区间。

3.2 数据来源与河网概化

(1)水系数据。

基本图件资料来源于桓台县 1:12.5 万电子水系图(350 dpi)、桓台县 1:10 万电子洪水调度图(350 dpi)及空间分辨率为 1.19 m 的卫星遥感影像。

(2)水文、气象资料。

水文、气象资料来源于《山东省水文图集》,包括收集的研究区多年平均径流量和多年平均蒸发量数据。

(3)河道数据。

河道断面信息来源于各河道治理工程横断面设计图,均由桓台县水务局提供。

(4)河网概化。

将空间分辨率 1.19 m 卫星遥感影像图作为底图,在 ArcGIS 10.2 的支持下,分别对电子水系图及洪水调度图进行地理配准。其中,水系图及洪水调度图精度均高于 300 dpi,确保能分辨最细小的河流。

随后,根据行洪等效性原则[65],结合桓台县自然现状及资料情况对桓台县河网进行概化,增补、移动、删除部分水系,包括连通性、代表性较差及行洪能力不足的河流,最终将桓台县河网概化成 28 条主要行洪河道,河网概化图如图 3-1 所示。

图 3-1　桓台县河网概化图

3.3　河湖水网水资源结构分解

在当前水资源短缺的形势下,对河湖进行微观调控能更有效地发挥水资源对社会经济、生态环境等各方面的作用。为了合理有效优化配置有限的水资源,对其结构进行分析就显得格外重要。所谓河湖水资源结构分解,就是根据河湖水资源开发利用的需要、生态需求和河湖水量特点,将其划分为承担不同功能和作用的不同组成部分。恰当地对河湖水资源结构进行划分可使得人们能够从微观上对河湖水资源在时空上的调配更具有合理性[66]。通过对河湖水资源结构的研究,可实现定量分解、区别管理,深化水资源配置内涵。

在桓台县河湖水网中,马踏湖位于水网的东北部、小清河的南岸、桓台县与博兴县两县交界处,以荆家庄公路为界,路南为锦秋湖、路北为马踏湖,两湖彼此衔接,统称为马踏湖。马踏湖的功能主要为汛期进行水量的调蓄,在非汛期基本用不上,位于水网的最下游且地处最低处,对地下水超采区的补给作用影响较小,因此在河湖水资源结构分解中只考虑河流与干渠部分。

根据现场调研,桓台县河流大多无滩地,河道断面接近于梯形。结合河流断面特点、河流水量所承担的不同功能及作用,考虑生态、防洪及地下水涵养功能,将河流水量分为生态保护水量、安全水量、风险水量和灾害水量四个部分。桓台县河流水资源结构分解模型如图 3-2所示。

图 3-2　桓台县河流水资源结构分解模型

3.3.1　生态保护水量

生态保护水量在水资源结构中居于基础地位,它的合理确定对于正确分析水资源结构具有重要意义。现阶段的研究成果对生态水量的定义为：为维持河流水体基本的生态环境功能，保证河流生物间最低物质平衡，河道在特定的时间和空间内必须保持某种水平且符合生态环境功能要求的水量[67]。本书从保护地下水和生态两个方面考虑，生态保护水量定义为：河道内的水量不仅要满足生态需求，还要有利于涵养地下水，即设防水位以下的河流水量。

从维持河流最基本的生态环境免遭破坏及地下水涵养出发，需尽量保证特别是在枯水季节均能保持河流水量在生态保护水量以上；否则，应当从水库、湖泊中引水补给河流水量。

3.3.2　安全水量

安全水量是介于生态保护水量和风险水量之间的一部分河流水量。从安全角度来说，在河流水位低于警戒水位时，人们一般不必采取工程措施和非工程措施即可保证河流不会对沿岸堤防和人民生活造成威胁；从经济角度来说，这部分水量和社会经济活动联系最为密切，它的多少反映了河流理论上为社会经济发展可提供的安全水资源量。

安全水量定义为：在保证生态保护水量的基础上，不必采取工程措施和非工程措施的情况下，河流所产生的既能维持河流系统所承担的正常经济功能，为沿岸经济活动提供大量可用水，又不会导致洪水灾害的河流水量，即设防水位与警戒水位之间的水量。

3.3.3　风险水量

风险水量是介于安全水量和灾害水量之间的一部分水量，它既可以用来为工农业生产服务，也可能由于措施不当导致水患灾害。风险水量的产生与洪水有关，洪水作为一种自然的大径流过程，是河流维持其正常状态的一种必要途径。早期自然状态下的河流，没有堤坝等设施约束，汛期河水自由漫溢。随着社会的发展，洪水自由漫溢将带来严重的经济损失，人类修筑堤防和大坝来约束洪水，堤坝所能控制的是一定量级范围内的漫滩洪水，这部分漫滩水量会给堤坝带来溃决风险，需要采取一定措施来避免造成洪水灾害。随着对水资源量绝对需求的不断增加，作为主要经济用水的安全水量有可能无法满足人们对水资源的需求，在实施一定措施的条件下，这部分水量可作为经济生活用水。

根据该部分水量的特点，从防洪和水资源利用角度出发，风险水量定义为：在一年中的某些时期河流可能产生对堤坝等系统有威胁的水量，经采取适当措施可避免形成洪灾，即警戒水位与保证水位之间的水量。

3.3.4　灾害水量

对于灾害水量的直观理解就是，汛期河流水量超过河道过流能力，威胁堤坝安全，经采取措施仍可能对某些区段堤坝造成破坏，导致洪水灾害。所谓灾害水量，是指当年超过河流最高临界流量而可能造成洪水灾害的水量。灾害水量一般不能为生产生活所直接应用，会对沿岸居民的生命财产造成威胁，但是采取一定措施可将部分或者全部灾害水量变为可控制利用的风险水量、安全水量和生态保护水量。在某些情况下，超过风险水量并不一定发生洪水灾害，是否发生灾害除了与所采取的应对措施有关外，还与洪水的持续时间有比较大的关系。

我国北方河流，由于汛期降水集中，经常发生洪涝灾害，若能对这部分超限水量进行利用，则对于减轻洪涝灾害、缓解水旱矛盾无疑具有重要意义。灾害水量是伴随汛期大洪水而发生的,其发生过程同时伴随着洪水资源化过程,洪水过后,洪泛区的农业生产和生态环境往往得到很大改善。灾害水量的发生在带来损失的同时会带来显著的经济、环境效益和社会效益。本书中将灾害水量定义为:超过保证水位以上的水量。

3.4　河网调蓄量计算

根据河流水资源结构分解思路,为了便于表达,将生态保护水量、安全水量、风险水量、灾害水量 4 种特征水量对应的水位分别称为生态保护水位、安全水位、风险水位和灾害水位,其中生态保护水位对应于设防水位,安全水位对应于警戒水位,风险水位对应于保证水位。

由于建立的河流水资源结构分解模型是静态的,定义的特征水量为河道静态水量,即河道在不同特征水位下的槽蓄水量。河网概化并未改变原河道结构特征,因此可采用原有河道特征水位计算各类水量。下面以孝妇河为例进行特征水量计算。

3.4.1　生态保护水量计算

采用湿周法与改进的 Tennant 法进行动态生态径流量计算,并做对比分析,以此选择合理的生态水深,进行孝妇河生态保护水量计算。

3.4.1.1　生态水量的计算

1.湿周法计算生态水量

利用湿周法,得到河道的生态流量,基于流量与水位关系,计算出河道生态水位。计算生态需水量的各种方法多需要长序列实测的水文或生境资料,无法直接适用于资料短缺的河流。在实测资料短缺的平原河流孝妇河桓台段上采用设定的多级试算流量来替代长序列实测流量,依据实测断面资料和设定的试算流量,利用 Mike11 软件模拟推求河道典型断面水力参数(河宽、水深、流速和湿周等)随流量的变化关系,以此为基础计算河流生态流量,其中,设定的流量计算序列共 20 个试算流量。根据计算结果,结合河道内已有的监测断面、支流、水文站等节点,选取孝妇河周董站作为湿周法分析的典型断面,典型断面形态如图 3-3 所示。

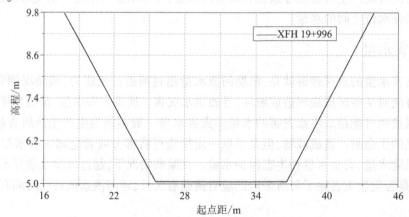

图 3-3　典型横断面形态示意图

由图 3-3 可知,孝妇河桓台县的横断面形状为梯形。采用对数函数拟合流量-湿周曲线,如图 3-4 所示。利用 MATLAB 编程计算,采用曲率最大值法确定曲线中临界点的流量(见图 3-5),进而确定生态流量。

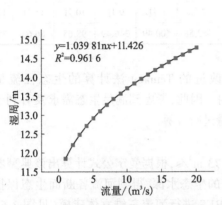 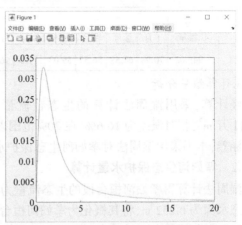

图 3-4　典型断面流量-湿周关系曲线　　　图 3-5　MATLAB 计算曲率-流量关系曲线

MATLAB 计算结果表明,流量为 0.73 m^3/s 时典型断面流量-湿周关系曲线的曲率最大,即孝妇河桓台段的河道生态流量为 0.73 m^3/s。因此,孝妇河动态年生态径流量 $W=Qt=$ 2 302.128 万 m^3。

2.改进的 Tennant 法计算生态水量

Tennant 法是依据观测资料建立的流量和河流生态环境状况之间的经验关系,用历史流量资料确定年内不同时段的生态环境需水量,将计算结果和水资源规划相结合,具有宏观指导意义,可以在生态资料缺乏的地区使用,但其简化了河流的实际情况,未直接考虑河流生态系统的需求。因此,在实际应用中,根据地区实际情况对其基流标准进行了适当改进。

本书采用改进的 Tennant 法计算桓台县生态径流。综合考虑桓台县河流的季节性及鱼类产卵需求,进行多种研究时段及百分比选取试算,最终将研究分期分为 4—9 月及 10 月至次年 3 月两个时段,分别将多年平均径流量的 20% 及 10% 作为桓台县河流生态径流量。其中,对于径流量未知的河流依据《山东省水文图集》,采用参数等值线法进行计算。

孝妇河多年平均径流量为 12 031 万 m^3,由《山东省水文图集》查得"山东省代表站年径流分配表",选取小清河陶唐站为代表站,对孝妇河多年平均年径流量按月进行分配,分配结果见表 3-1。

表 3-1　桓台县多年平均年径流量及其年内分配　　　　　单位:万 m^3

河流	年径流量	各月分配											
		1 月	2 月	3 月	4 月	5 月	6 月	7 月	8 月	9 月	10 月	11 月	12 月
孝妇河	12 031	709.83	685.77	565.46	445.15	384.99	481.24	1 912.93	2 502.45	1 732.46	986.54	866.23	757.95

河流的生态径流量是一个动态过程,适宜生态径流量就是对生态系统的稳定和物种的生存和繁衍最为适合的径流过程,它不是一个具体固定的值,而是有一定变化范围的,只要在这个范围之内,就能够保证河流生命的健康发展。

以孝妇河多年平均年径流量月分配结果为基础,采用改进的 Tennant 法计算孝妇河生态径流,孝妇河各月生态径流量见表 3-2。

表 3-2　桓台县多年平均生态径流量及其年内分配　　　　　　单位:万 m³

河流	生态径流量	各月分配											
		1 月	2 月	3 月	4 月	5 月	6 月	7 月	8 月	9 月	10 月	11 月	12 月
孝妇河	1 949.02	70.98	68.58	56.55	89.03	77.0	96.25	382.58	500.49	346.49	98.65	86.62	75.80

3.计算结果分析

经计算,采用湿周法计算的生态径流量比改进的 Tennant 法计算的生态径流量多 353.11 万 m³,相对误差为 16.6%,在 20%范围以内。因此,考虑到满足生态需求及有利于地下水涵养,本书采用湿周法对孝妇河生态保护水量进行计算。

3.4.1.2　孝妇河生态保护水量计算

湿周法计算得孝妇河桓台段的生态流量为 0.73 m³/s,根据曼宁公式计算出该典型断面处生态水深为 0.252 m,将其概化为孝妇河桓台段的生态水深,得到河流各断面生态保护水位。依据孝妇河横断面设计资料,利用 SOLIDWORKS 进行河流三维立体建模(见图 3-6)计算孝妇河生态保护水量为 15.761 万 m³。

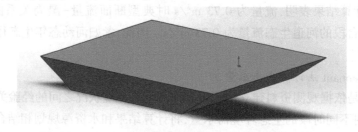

图 3-6　孝妇河桓台段概化河道三维立体图

3.4.2　安全水量、风险水量与灾害水量的计算

依据桓台县水务局提供的河道治理工程设计报告及孝妇河横断面设计资料,得到孝妇河安全水位、风险水位、灾害水位值,见表 3-3。

表 3-3　孝妇河安全水位、风险水位、灾害水位值　　　　　　单位:m

特征水位	安全水位		风险水位		灾害水位	
桩号	0	25400	0	25400	0	25400
孝妇河	13.82	6.2	14.74	7.12	15.26	7.64

利用 SOLIDWORKS 进行河流三维立体建模,并计算孝妇河安全水量、风险水量、灾害水量,计算结果见表 3-4。

表 3-4　孝妇河安全水量、风险水量、灾害水量计算结果　　　　　　单位:万 m³

特征水量	安全水量	风险水量	灾害水量
孝妇河	123.698	74.086	46.043

按照此方法计算其他主要河道生态保护水量、安全水量、风险水量及灾害水量,桓台县主要行洪河道 4 种特征水量计算结果见表 3-5。

表 3-5　桓台县主要行洪河道特征水量计算结果　　　　单位:万 m³

河流名称	生态保护水量	安全水量	风险水量	灾害水量
西猪龙河	15.268	9.956	19.671	18.806
涝淄河	7.529	7.275	6.717	5.695
孝妇河	15.761	123.698	74.086	46.043
东猪龙河	32.609	145.658	77.454	157.758
人字河	1.344	27.763	28.502	28.332
祁家排沟	1.316	20.167	32.279	14.276
引黄南干渠	5.706	72.585	43.314	54.698
刘家船道	0.626	7.376	8.411	6.916
预备河	4.851	26.151	47.577	24.883
十五号沟	0.927	7.923	6.734	22.161
乌河	35.851	139.364	95.905	144.906
三号沟	0.422	16.237	11.071	7.224
马家排沟	1.217	4.666	5.017	4.750
小清河	39.472	288.534	674.623	369.437
杏花河	2.280	110.799	123.249	36.363
胜利河	1.282	21.691	75.235	7.447
诸顺沟	2.512	6.984	18.455	5.119
大寨沟接长	0.563	23.428	0.072	45.307
一号沟	0.317	1.888	1.010	2.041
二号沟	0.331	6.294	6.007	7.973
大元排沟	0.338	12.857	6.088	1.013

由于不同河道特征水位是不同的,且河网内有多条河道,因此采用河道特征水量累加的方法直接计算河网特征水量是不合理的。经过资料分析,采用模型模拟的河网特征水量计算结果比较合理,且与实际相符。将河道累加计算的河网特征水量与采用模型模拟计算的河网特征水量进行对比,发现直接采用河道特征水量进行累加计算的河网特征水量结果偏大。

采用河道累加法计算河网特征水量时,为了进行计算结果的修正,将河道累加计算的生态保护水量计算结果取 0.7 的系数,作为河网生态保护水量计算结果;将安全水量累加计算结果取 1.25 的系数作为河网安全水量计算结果;将风险水量累加计算结果取 1.34 的系数作为河网风险水量计算结果;将灾害水量累加计算结果取 1.2 的系数作为河网灾害水量计算结果。计算的桓台县河网特征水量见表 3-6。

表 3-6　修正后的桓台县水网特征水量计算结果　　　　单位:万 m³

特征水量	生态保护水量	安全水量	风险水量	灾害水量
桓台河网	179.62	1 827.83	1 824.38	1 411.74

由桓台县水网特征水量计算结果可知,随着桓台县水网特征水位的抬高,相邻两个特征水位之间的特征水量呈现先增加后减少的特点。其中,维持河网基本生态功能及涵养地下水的生态保护水量最少,为 179.62 万 m³,保证河流安全和经济生活用水的安全水量最多,为 1 827.83 万 m³,风险水量与安全水量相差较小。

3.5　河网调蓄能力计算

3.5.1　河网调蓄能力指标

基于河网调蓄能力的内涵,同时考虑桓台县河道特征资料的可取性,选取槽蓄容量、可调蓄容量、单位面积槽蓄容量和单位面积可调蓄容量 4 个指标[68],并进行量化,用其值表征桓台县河网调蓄能力。

为研究桓台县水系调蓄能力的时空变化特征,对以下 4 个指标进行计算,并根据其值变化反映桓台县水系调蓄能力的变化。

3.5.1.1　槽蓄容量(C)

槽蓄容量(C)代表的是河流水位在一般情况下,河道所承载的水体的总容量,其数值的变化直接反映该研究区蓄水资源量的大小[69-70]。在生态补水(生态调度)、合理存蓄客水及雨洪水资源(资源调度)、防洪减灾(防洪调度)背景下,槽蓄容量在本书中分别指桓台县的河流水位在生态保护水位、安全水位、风险水位时河道所承载的水体的总容量。由于概化后河道为梯形断面,因此槽蓄容量(C)的计算公式为:

$$C = \frac{1}{2}[2W + 2m(A_h - D_g)] \times L \times (A_h - D_g) \tag{3-1}$$

式中:在生态调度、资源调度、防洪调度中,A_h 分别为生态保护水位、安全水位、风险水位,m;D_g 为河底的相对高程,m;L 为河道长度,m;W 为河道的对应宽度,m;m 为河道断面边坡系数,无量纲。

3.5.1.2　可调蓄容量(A_C)

可调蓄容量(A_C)是指河流在一般情况下,可以连续的最大限度所承载的水体的总容量,或者说是河道由一定水位上升到一定水位时梯形河道所承载的水体容量,是评价地区是否易发生洪涝灾害的重要指标。为满足桓台县河网生态、资源及防洪需求,本书将可调蓄容量定义为河道水位分别由生态保护水位、安全水位到风险水位时梯形河道所承载的水体总容量,其计算公式为:

$$A_C = C_j - C_i \tag{3-2}$$

式中:C_j 代表河流在风险水位时河流的槽蓄容量;在生态调度、资源调度、防洪调度中,C_i 分别为河流在生态保护水位、安全水位、风险水位时河流的槽蓄容量。

3.5.1.3　单位面积槽蓄容量(S_R)

单位面积槽蓄容量(S_R)是指水位在一定条件下,河网槽蓄容量和区域面积之比。该比值表示研究区域河网的蓄水能力,比值的大小能直观地反映出研究区域河网蓄水能力的相对强弱[71]。其计算公式为:

$$S_R = \frac{C}{A} \tag{3-3}$$

式中: A 为研究区所对应的水系片区的面积。

3.5.1.4　单位面积可调蓄容量(A_{SR})

单位面积可调蓄容量(A_{SR})是指河道由一定水位上升到一定水位时梯形河道所承载的水体总容量与所研究区域水系面积之间的比值。该比值表示研究区域河道对洪水的调节能力。其计算公式为:

$$A_{SR} = \frac{A_C}{A} \tag{3-4}$$

3.5.2　河网调蓄能力计算

3.5.2.1　河网静态调蓄能力计算

根据 3.4 节计算的河网在生态保护水位、安全水位和风险水位三个特征水位下的特征水量,再根据式(3-1)~式(3-4)分别计算研究区在生态调度、资源调度和防洪调度下的河网调蓄能力指标,计算结果见表 3-7。

表 3-7　桓台县河网调蓄能力计算结果

调蓄指标	C/万 m^3	A_C/万 m^3	S_R/(万 m^3/km^2)	A_{SR}/(万 m^3/km^2)
生态调度	179.62	3 652.21	0.35	7.17
资源调度	2 007.45	1 824.38	3.94	3.58
防洪调度	3 831.83	0	7.53	0

由表 3-7 可知,桓台县河网单位面积槽蓄容量阈值区间为 $[0.35, 7.53]$ 万 m^3/km^2,单位面积可调蓄容量阈值区间为 $[0, 7.17]$ 万 m^3/km^2,资源调度背景下河网对洪水资源的调蓄能力约为生态调度背景下的 1/2。在防洪调度背景下河网已无任何调蓄空间,这是由于此时河网水位已达风险范围内最高限值,若继续存蓄水资源,将对周边造成洪涝危害。

3.5.2.2　河网动态调蓄能力计算

选取河网动态槽蓄容量作为河网动态调蓄能力计算指标。采用水量平衡法计算河网在不同特征水位下的动态槽蓄容量,即河网入流量减去河网出流量和损失量。

$$W_{动态槽蓄容量} = \int_{t_1}^{t_2} Q_{入流} - \int_{t_1}^{t_2} Q_{出流} - W_{损失量}$$

利用 MATLAB 编程,与闸门调度相结合,采用最小二乘法对河网槽蓄容量与闸门开启度进行曲线拟合,计算不同水平年不同闸坝调度下的动态可调蓄容量。

选取河网的生态保护水位、安全水位和风险水位,计算不同水位下的河网动态槽蓄容量。计算结果见表 3-8。

表 3-8　河网动态槽蓄容量　　　　　单位:万 m^3

特征水位	生态保护水位	安全水位	风险水位
河网动态槽蓄容量	181.25	2 003.84	3 821.97

3.6　河网蓄水风险分析

水资源系统自身具有随机性、模糊性等多种不确定性,人类对水资源的开发利用,进一步增加了水资源系统的不确定性和风险。风险包括积极和消极的风险、短期和长期的风险、可承受的和不可承受的风险、可控制的和不可控制的风险等。对于不同类型的洪水进行风险分析和比较,有利于因地制宜确定合理的应对风险措施。

洪水资源作为水资源系统的一部分,具有水资源系统的一般特征,同时具有不同于水资源系统其他部分的特征。洪水既是一种造成灾害的自然现象,又是保持自然生态平衡必不可少的生态过程,其本身具有资源与灾害的双重属性。一方面洪水泛滥能够产生生命、财产损失,另一方面会带来许多即时和延后的收益。如何准确评价洪水风险和效益是关系能否恰当利用洪水资源的重要工作。将洪水带来的风险控制在可承受范围内,有利于充分开发利用洪水资源,实现洪水资源化。

风险和效益二者具有相辅相成的关系,洪水资源利用在带来效益的同时也面临一定的风险,不确定性是风险的显著特点,河流水资源利用的过程受到水文、气象、经济、社会等诸多因素的影响,因此实现河流水资源利用必然会产生一定的防洪风险。

河网蓄滞水资源之后若发生后续洪水,此时蓄水区调蓄洪水能力减弱,下游防洪地区将面临更大的洪水威胁,而且河网与水库不同,水库可以应急泄洪,在短时间内将库水位降低,而河网一旦蓄水,短时间内则难以放出。

风险大小可用风险率来表示,河道防洪风险率定义为:在一定的启用和调度规则下,河道蓄水量超过风险水量的概率,以 R 来表示[72]。

$$R = P(V > V_0) = \int_{V_0}^{\infty} f(V)\,\mathrm{d}V = 1 - F(V_0) \tag{3-5}$$

式中: V 为蓄水量; V_0 为河道风险水量; $f(V)$ 为蓄水量的概率密度函数; $F(V)$ 为蓄水量的概率分布函数。

选取河网中的典型河道东猪龙河为例,进行河道风险率的计算。

利用 Mike11 软件模拟不同降雨情景下东猪龙河的行洪情况,得到河道最大蓄水量与频率的关系,如图 3-7 所示。

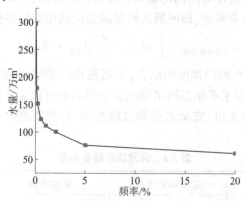

图 3-7　不同频率下东猪龙河最大蓄水量

通过 MATLAB 编程计算,得到河道蓄水量概率密度函数,如图 3-8 所示。

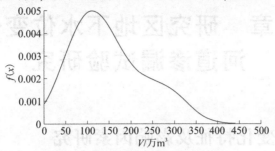

图 3-8　河道蓄水量概率密度函数

由式(3-5)及河道蓄水量概率密度函数计算可知,东猪龙河河道蓄水量超过风险水位槽蓄容量的风险率为:

$$P = 1 - F(234.721) = 0.179$$

3.7　本章小结

(1)建立了河流水资源结构分解模型。

基于河网水量的天然属性与特征水位,建立了河流水资源结构分解模型,将河流水量分解为生态保护水量、安全水量、风险水量和灾害水量 4 个部分。结合河道断面资料,采用 SOLIDWORKS 软件对主要行洪河道进行 4 种特征水量的计算,计算的桓台县河网中 4 种特征水量分别为 179.62 万 m^3、1 827.83 万 m^3、1 824.38 万 m^3 和 1 411.74 万 m^3。

(2)提出了区域河网在生态调度、资源调度和防洪调度下的调蓄能力计算方法。

以最大限度地发挥河网天然"调蓄池"功能,构建了河网调蓄能力指标,提出了区域河网在生态调度、资源调度和防洪调度下的调蓄能力计算方法。该方法能计算河网满足不同功能需求的调蓄能力阈值,能更好地为区域河网调度提供依据。桓台县河网的槽蓄容量、可调蓄容量、单位面积槽蓄容量和单位面积可调蓄容量分别为[179.62,3 831.83]万 m^3、[0,365 2.21]万 m^3、[0.35,7.53]万 m^3/km² 和[0,7.17]万 m^3/km²。

生态保护水位、安全水位和风险水位对应的河网动态槽蓄水量分别为 181.25 万 m^3、2 003.84万 m^3 和 3 821.97 万 m^3。

(3)基于河网调蓄能力,提出了风险率计算方法。

基于河网调蓄能力,以河道蓄水量超过风险水量为基准,提出了风险率计算方法。实现水网能在其风险可控的前提下调蓄尽可能多的水量,从而提升地下水的涵养效益。

第4章　研究区地下水位变化及河道渗漏试验研究

4.1　地下水位变化特征及影响因素研究

4.1.1　数据来源

桓台县内已建设20余眼地下水监测井,可实时监测并收集地下水位数据。综合考虑监测数据时间序列的连续性、数据质量一致性等因素,本书选取其中具有代表性的18眼监测井(见表4-1)的地下水位监测数据,对1982—2018年的区域地下水位变化情况进行分析。

表4-1　选取的桓台县18眼地下水监测井情况一览表

乡镇名称	监测井编号	监测井数/眼
起凤镇	4、5	2
田庄镇	8、10	2
荆家镇	3	1
马桥镇	1、2、6、7	4
新城镇	9	1
唐山镇	11	1
索镇镇	12、13、14	3
果里镇	15、16、17、18	4

将选取的地下水位监测井编号为1、2、3、4、5、6、7、8、9、10、11、12、13、14、15、16、17、18,分别位于马桥镇冯马村村西100 m、马桥镇岔河水文站南200 m、荆家镇里仁村内150 m、起凤镇付庙村西南400 m、起凤镇夏一村西南200 m、陈庄镇中薛村东北5 m、陈庄镇水利站院内、田庄镇文庄村西5 m、新城镇西贾村内、田庄镇小庞村西南150 m、唐山镇前七村西50 m、索镇镇睦和村南50 m、索镇水务站院内、索镇镇前毕村东566 m、果里镇闫高村南200 m、果里镇东果里村南200 m、果里镇官西村北50 m、果里镇原侯庄水务站内,监测井情况见表4-2,监测井位置分布如图4-1所示。

表 4-2　监测井信息

监测井编号	地址	地表高程/m	基面高程
1	马桥镇冯马村村西 100 m	11.25	黄海高程
2	马桥镇岔河水文站南 200 m	9.16	黄海高程
3	荆家镇里仁村内 150 m	9.65	黄海高程
4	起凤镇付庙村西南 400 m	8.75	黄海高程
5	起凤镇夏一村西南 200 m	8.70	黄海高程
6	陈庄镇中薛村东北 5 m	12.81	黄海高程
7	陈庄镇水利站院内	11.94	黄海高程
8	田庄镇文庄村西 5 m	10.77	黄海高程
9	新城镇西贾村内	14.70	黄海高程
10	田庄镇小庞村西南 150 m	15.15	黄海高程
11	唐山镇前七村西 50 m	13.52	黄海高程
12	索镇镇睦和村南 50 m	12.99	黄海高程
13	索镇水务站院内	17.08	黄海高程
14	索镇镇前毕村东 566 m	19.25	黄海高程
15	果里镇闫高村南 200 m	23.94	黄海高程
16	果里镇东果里村南 200 m	24.69	黄海高程
17	果里镇官西村北 50 m	24.53	黄海高程
18	果里镇原侯庄水务站院内	24.00	黄海高程

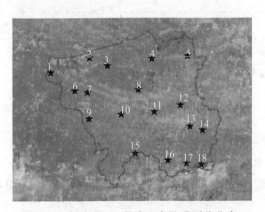

图 4-1　桓台县 18 眼地下水位观测井分布

4.1.2　地下水位变化特征分析

4.1.2.1　地下水位年际变化特征

1.地下水位总体变化

受降水分配的不均性及补给排泄等因素影响,桓台县不同区域地下水位的多年变化趋势不同,总体呈下降趋势,年际间变化较大,年均最大值和最小值差距为 6.4 m,如图 4-2 所示。

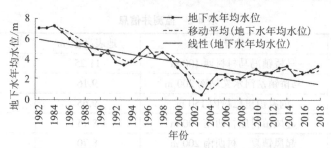

图4-2　桓台县1982—2018年地下水位变化过程曲线

1982—1984年,地下水位处于平稳上升状态,1984年年均水位达到最高值7.29 m;1984—1993年,地下水位急速下降;1994—1996年,地下水位有所上升;1996年后地下水位继续急速下降,并在2002年时达到最低值0.89 m;2003—2018年,地下水位逐步上升。经计算,其多年地下水位均值为3.73 m,其线性倾向率为−0.12 m/a。

2.趋势检验与突变

采用M-K法对1982—2018年桓台县地下水位进行趋势检验,检验值为−4.64,通过99%的M-K显著性检验,结果表明年地下水位呈现显著下降趋势。

桓台县1982—2018年地下水位突变诊断曲线如图4-3所示,其中UF、UB分别为M-K统计值正向序列和逆向序列,给定显著性水平$\alpha=0.05$,则置信区间临界线为±1.96。由图中UF曲线可知,桓台县地下水位在近37年内有先下降后上升的趋势,虽在1988年UF、UB曲线相交但未通过临界线,所以年际地下水位并未发生明显突变。

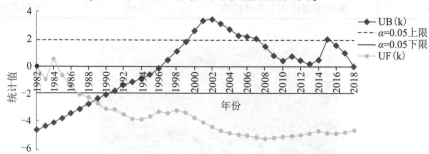

图4-3　1982—2018年地下水位突变诊断曲线

3.不同区域的地下水位年际变化特征

桓台县北部、东南部、西部与中部区域的地下水位年际变化如图4-4所示。

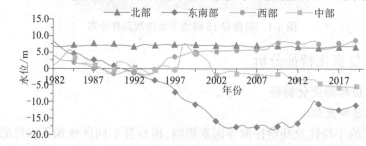

图4-4　桓台县不同区域地下水位年际变化

由图4-4可知,桓台县北部地下水位变化波动较小,总体处于下降趋势;其他区域地下水位较低,受降雨及农业灌溉用水量影响波动较大。与1982年相比,2019年东南部和中部地下水位分别下降了 18.91 m 和 6.37 m,其中东南部 1982—2003 年下降速率较大,年均最大变幅为 26.77 m,中部呈现波浪式下降趋势;西部地下水位相对较高,1982—1995 年地下水位缓慢下降,1995 年之后开始缓慢回升并趋于稳定。

4.1.2.2　地下水位的年内变化特征

桓台县典型区域多年地下水位年内变化如图 4-5 所示。

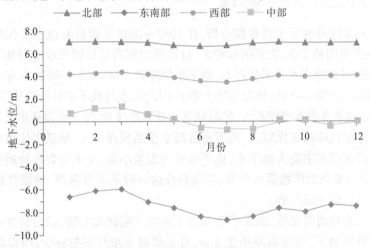

图 4-5　桓台县不同区域地下水位年内变化

由图 4-5 中可知,北部和西部地下水位年内变化较小,变幅在 0.43~0.93 m,东南部与中部地区地下水位年内变化较大,变幅在 1.98~2.78 m。地下水位年内均呈双峰型波动。1—3 月地下水位在径流作用下开始逐渐回升,3 月初出现年内的第一次峰值,3—6 月小麦等农作物生长需水量较大,灌溉抽取大量地下水导致地下水位呈现下降趋势,7 月出现年内的最低值。汛期到来后,随着农灌用水量减少以及地下水补给量增加的影响,7—9 月地下水位开始迅速回升,在 9 月出现第二次峰值,随后地下水位趋于稳定。

4.1.2.3　地下水位的空间变化特征

由于 18 眼地下水位观测井所处位置不同,地表高程相差较大,故各观测井测得地下水位相差大,不能直观地反映地下水状况,故采用地下水埋深分析地下水空间变化。对桓台县 1982 年、2003 年和 2018 年地下水埋深空间变化进行插值拟合,如图 4-6 所示。

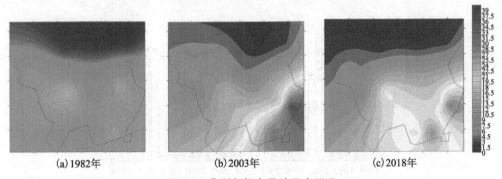

　　　(a)1982年　　　　　　　　(b)2003年　　　　　　　　(c)2018年

图 4-6　典型年桓台县地下水埋深

由图 4-6 可知,1982 年桓台县地下水位埋深南北差异不大,中部与南部埋深在 10 m 左右;北部由于靠近小清河且地势较低,地下水受到河流及降水汇流补给,埋深较浅并且常年保持在 5 m 以内;2003 年桓台县内地下水位埋深整体达到最大值且埋深南北差异大,桓台县内地下水埋深由北向南逐步加大,东南部索镇与果里镇部分地区形成地下水漏斗区,年均埋深在 35 m 以上;2018 年桓台县内地下水埋深有所上升,南北差距逐步缩小,虽索镇镇与果里镇部分地区地下水埋深仍大于 20 m,但地下水埋深整体减小且漏斗区范围缩小。

4.1.3　地下水位变化主要影响因素

根据 1982—2018 年地下水位数据分析,在 1982—2003 年桓台县地下水位出现了急速下降的趋势,其主要原因是工业、农业用水增多,且该段时期内居民以及政府对地下水的合理开发利用意识不强,导致地下水开采量过大,地下水位降低。从 2003 年到 2018 年地下水位逐步上升,分析其原因是 2003—2005 年为连续 3 年丰水年,降水对地下水补给效果明显;且在 2008 年后引黄工程新城水库供水规模扩大,使得地下水开采量减少,地下水位逐步上升。

桓台县地下水位年内变化较大,地下水最高水位出现在 3 月,最低水位出现在 6—7 月。其主要原因为农业用水主要为地下水,地下水位与当地小麦、玉米等农作物的生长生育周期有关;3—6 月为小麦等农作物需水季节,农作物在这一时期需要灌溉,灌溉井抽取大量地下水导致地下水位呈现下降趋势。

由于桓台县地势南高北低,地表径流和地下水均由南向北汇集,桓台县北部地下水受河流和地表径流补给量多,埋深常年小于 5 m,且北部地下水开采量较少,所以地下水位波动较小。而桓台县南部,由于其位置距离河流较远且地势较高,地下水接受河流和地表径流补给量少,且开采量较大,故水位波动较大。

综上所述,桓台县地下水位变化的主要影响因素为降水量、开采量和河流补给。

4.1.4　降水量与开采量对地下水位的影响

4.1.4.1　降水量对地下水位的影响

1.地下水位与降水量的相关性分析

降水量为桓台县地下水的主要补给来源之一。根据 1989—2018 年降水量及地下水埋深数据绘制年际变化图,如图 4-7 所示。

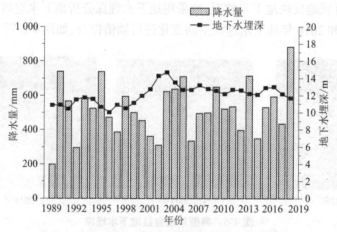

图 4-7　1989—2018 年降水量与地下水埋深年际变化

采用 Pearson 简单相关系数法对地下水埋深与降水量的年际相关性进行分析,计算公式如式(4-1)所示,相关系数的绝对值越大,表示相关性越强。根据相关系数的绝对值大小去判定变量的相关强度, 0.8~1.0 为极强相关,0.6~0.8 为强相关,0.4~0.6 为中等程度相关,0.2~0.4 为弱相关,0.0~0.2 为极弱相关或无相关。

$$R_{xy} = \frac{\sum\limits_{i=1}^{n}(x_i - \overline{x})(y_i - \overline{y})}{\sqrt{\sum\limits_{i=1}^{n}(x_i - \overline{x})^2 \sum\limits_{i=1}^{n}(y_i - \overline{y})^2}} \tag{4-1}$$

计算地下水埋深和年降水量的相关系数为−0.26,表明埋深与年降水量呈弱负相关关系,其原因可能与随着城市化进程的加快,人类活动开采对地下水位埋深的影响削弱了降水对地下水的补给作用有关。

不同区域的地下水埋深受到降水影响不同,故对降水量与各个井点的地下水埋深数据进行相关性分析。计算的相关系数见表 4-3。由表 4-3 可知,编号为 1 的监测井所在位置的地下水埋深与降水量相关程度大,编号为 3、6、7、12 的监测井所在位置也与降水量有一定相关性,以上这些监测井大多位于桓台县西北部。

表 4-3　地下水埋深与降水量的相关系数

井编号	相关系数	井编号	相关系数
1	−0.56	10	−0.03
2	−0.03	11	−0.11
3	−0.29	12	−0.23
4	−0.04	13	−0.06
5	−0.12	14	−0.04
6	−0.33	15	−0.06
7	−0.36	16	−0.05
8	−0.16	17	−0.06
9	−0.13	18	−0.09

桓台县不同区域地下水埋深与降水量的相关系数变化如图 4-8 所示。由图 4-8 可知,近年来桓台县西北部地区的地下水位与降水量关系密切,降水量增加地下水位也会增加,降水量与地下水位有较明显的正相关性;而桓台县南部地区的地下水位高低与降水量关系较小。主要是因为桓台县南高北低的地势,降雨后水流由南向北汇集,导致西北部的地下水得到的降水补给较多。

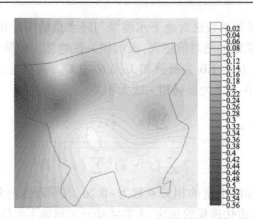

图 4-8　不同区域地下水埋深与降水量的相关系数变化

2.地下水位对降水的响应

2009 年降水量与地下水位变化曲线如图 4-9～图 4-12 所示。由图 4-9～图 4-12 可知，1—2 月不对农作物进行灌溉，且无降水，地下水位基本保持稳定，在 2 月 8 日降水后地下水获得补给，地下水位开始上升，2 月 18 日到 3 月 5 日之间没有降雨，但地下水位持续上升，表明地下水位与降水之间存在滞后现象；3—4 月春灌地下水开采量较大，虽降水增加但地下水位开始下降，7—9 月汛期来临，降水量迅速增加，地下水受到补给，水位开始上升；由图 4-13 可知，12 月为非灌溉季节，12 月 7 日前 26 天无降水，地下水位受上次降水入渗影响极小，且地下水开采较少，故地下水位基本保持稳定，在 12 月 7 日降水后地下水获得补给，地下水位开始上升，后续两场降水使得地下水位持续上升至 12 月底，结果表明地下水位回升与降雨之间存在着滞后现象。

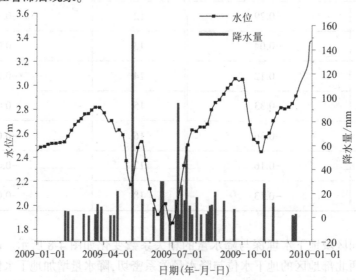

图 4-9　2009 年降水量与地下水位变化曲线

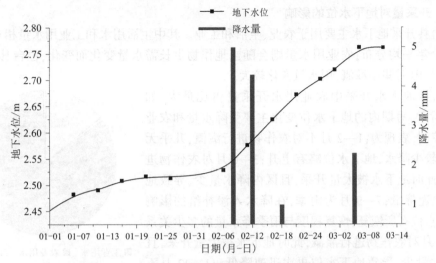

图 4-10　2009 年 1—3 月降水量与地下水位变化曲线

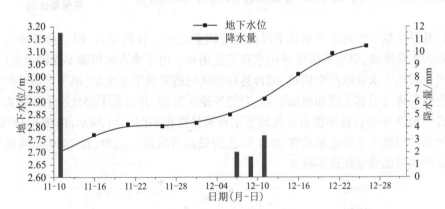

图 4-11　2009 年 11—12 月降水量与地下水位变化曲线

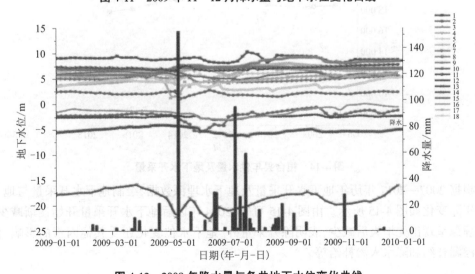

图 4-12　2009 年降水量与各井地下水位变化曲线

4.1.4.2　开采量对地下水位的影响

桓台县开采地下水主要用于农业、生活和工业。其中生活用水和工业用水量相对稳定，可看作全年平均分布；农业用水量则会随当地作物生长需水量变化而变化，桓台县通常为3—6月和10月集中灌溉，用水量变化较大。

桓台县地下水开采中农业用水开采量占比最大，如图4-13所示，短期内的地下水位变化主要受降水量和农业开采量控制，表现为：1—2月不对农作物进行灌溉，几乎无开采，有较少降水，地下水位略有上升；3—6月对农作物进行灌溉，此时地下水被大量开采，且区内降水量少，导致地下水位迅速降低；7—9月为雨季，在降水入渗补给的影响下，地下水位有所恢复，恢复程度与雨季降水量的多少关系密切；10月对农作物进行灌溉，此时地下水被大量开采，且区内降水量少，导致地下水位再次迅速降低；11—12月不对农作物进行灌溉，几乎无开采，有较少降水，地下水位略有上升。

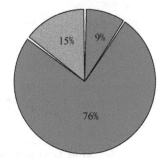

图 4-13　2014—2017 年地下水开采量比例

桓台县开采地下水是地下水位下降的主要因素之一。目前来看，桓台县开采地下水的用途主要为农业灌溉、供应城镇生活用水及工业用水。由于地表水资源不能满足生产需要，使部分产业对地下水资源产生依赖，桓台县存在区域超采地下水现象，地下水漏斗的扩大和地下水位的下降已引起了诸如地面沉陷、裂缝等地质灾害，并引发了部分次生地质灾害。

2007—2017 年桓台县年供水量及地下水开采量变化如图4-14所示，由图4-14可知，桓台县总供水量与地下水开采量均在2011年达到最高值后逐年减少，且2010年后地下水开采量占总供水量比例也在逐年减少。

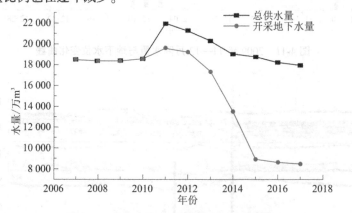

图 4-14　桓台县年供水量及地下水开采量

根据 2007—2017 年历年地下水开采量及地下水埋深数据，绘制地下水开采量与地下水埋深年际变化如图4-15所示。由图4-15可知，2014年以后地下水开采量开始逐渐减少，地下水埋深呈现出先增大后减少，表明除开采量外，地下水位变化还受其他因素的影响，包括河道渗漏补给和降水入渗补给等。

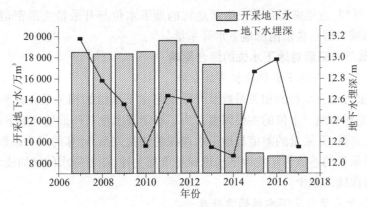

图 4-15　地下水开采量与地下水埋深年际变化

不同区域的地下水埋深受开采量影响不同,故对开采量与各个井点的地下水埋深数据进行相关性分析。桓台县不同位置地下水埋深与开采量的相关系数如表 4-4 所示。

表 4-4　地下水埋深与开采量的相关系数

井编号	相关系数	井编号	相关系数
1	−0.81	10	−0.88
2	0.52	11	0.31
3	0.04	12	−0.79
4	−0.01	13	0.80
5	−0.23	14	0.87
6	−0.92	15	0.25
7	−0.47	16	0.88
8	0.66	17	0.71
9	−0.34	18	0.42

由表 4-4 可知,编号为 13、14、16 的监测井所在位置的地下水埋深与开采量相关程度极强,编号为 8、17 的监测井所在位置的地下水埋深与开采量相关程度强,2、11、15、18 的监测井所在位置也与开采量有一定相关性。这些监测井大多位于桓台县东南部。桓台县不同位置下地下水埋深与开采量的相关系数变化如图 4-16 所示。

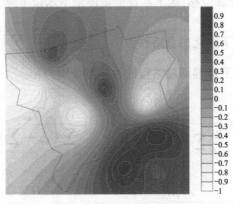

图 4-16　地下水埋深与开采量的相关系数变化

由图 4-16 可知,近年来桓台县东南部地区的地下水位与开采量关系密切,若要治理漏斗区,需要适当减少桓台县东南部地下水开采量。

4.1.4.3　降水量与开采量对地下水位的综合影响

1.降水量、开采量与地下水位的相关性分析

根据降水量与地下水位的相关系数及开采量与地下水位的相关系数计算结果可知,降水量和开采量是影响地下水位的主要因素。为了确定降水量与开采量对地下水位的综合影响,计算降水入渗量、开采量的差值与地下水埋深的相关关系,计算的相关系数为−0.2,表明降水入渗量、开采量的差值与年均地下水埋深呈负相关性,随着降水的增加或者开采量的减少,地下水位埋深随之减少。

2.降水量与开采量对地下水位的贡献度

采用水量平衡法分析计算降水量与开采量对地下水位变化的贡献度[73]。具体如下。

(1)地下水平衡方程。

以研究区地下水部分为平衡体,由水量平衡方程有:

$$\sum Q_{gs} = \sum Q_{gri} - \sum Q_{gdj} \tag{4-2}$$

式中: $\sum Q_{gs}$ 为地下水蓄变量; $\sum Q_{gri}$ 为第 i 项地下水补给项(i 指降水入渗补给、河道渗漏补给、渠系渗漏补给和侧向渗流补给)的补给量; $\sum Q_{gdj}$ 为第 j 项地下水排泄项(j 指潜水蒸发、地下水开采等)的排向量。

(2)降水量与开采量的贡献度计算。

地下水蓄变量导致地下水位的上下波动,由水位动态法计算模型:

$$\sum Q_{gs} = \mu \Delta H_g F \tag{4-3}$$

式中: μ 为地下水位变幅带的含水层给水度; ΔH_g 为地下水位位移; F 为研究区的面积。

联立式(4-2)和式(4-3)可得:

$$\Delta H_g = \frac{1}{\mu F} \sum Q_{gri} - \frac{1}{\mu F} \sum Q_{gdj} \tag{4-4}$$

取地下水位上升为正,下降为负。地下水补给量使地下水位上升,则式(4-4)中 $\frac{1}{\mu F} \sum Q_{gri}$ 为地下水位上升总位移,地下水排泄量使地下水位下降,则 $\frac{1}{\mu F} \sum Q_{gdj}$ 为地下水位下降总位移。地下水位上下变化的总路程为($\frac{1}{\mu F} \sum Q_{gri} + \frac{1}{\mu F} \sum Q_{gdj}$)。地下水各补给项和排泄项对地下水位上升和下降移动总路程的贡献度分别为:

$$N_{ri} = \frac{\frac{1}{\mu F} Q_{gri}}{\frac{1}{\mu F} \sum Q_{gri} + \frac{1}{\mu F} \sum Q_{gdj}} = \frac{Q_{gri}}{\sum Q_{gri} + \sum Q_{gdj}} \tag{4-5}$$

$$N_{dj} = \frac{\frac{1}{\mu F} Q_{gdj}}{\frac{1}{\mu F} \sum Q_{gri} + \frac{1}{\mu F} \sum Q_{gdj}} = \frac{Q_{gdj}}{\sum Q_{gri} + \sum Q_{gdj}} \tag{4-6}$$

式中:N_{ri} 为第 i 项地下水补给项对地下水位变化的贡献度;N_{dj} 为第 j 项地下水排泄项对地下水位变化的贡献度。

根据水量平衡关系,计算 2007—2017 年桓台县降水量与开采量的贡献率,计算结果见表 4-5。

表 4-5　桓台县 2007—2017 年降水量与开采量对地下水位变化的贡献率　　　　　%

年份	降水入渗补给贡献率	地下水开采贡献率	补给量贡献率总和	排泄量贡献率总和
2008	16.50	48.56	50.40	49.60
2009	18.96	42.84	56.18	43.82
2010	16.23	46.28	52.62	47.38
2011	17.24	50.61	48.20	51.80
2012	12.90	49.79	48.96	51.04
2013	22.65	44.01	54.70	45.30
2014	15.02	46.44	52.23	47.77
2015	23.74	32.00	66.66	33.34
2016	29.33	34.22	64.42	35.58
2017	26.03	40.62	57.66	42.34
平均	19.86	43.54	55.20	44.80

由表 4-5 可知,在影响地下水位变化的主要因素中,地下水开采量对地下水位变化的贡献率大于降水量,降水入渗补给贡献率为 19.86%,占总补给量的 36%;地下水开采贡献率为 43.54%,占总排泄量的 97%。2008—2017 年,地下水开采贡献率呈现先增加后减少的趋势,年平均地下水总补给贡献率比总排泄贡献率多了 10.4%,表明桓台县地下水蓄水量增加,地下水埋深呈减小趋势。

4.2　河床沉积物渗透系数及河道渗透速度试验研究

影响河流补给对地下水涵养的因素包括河流水位、河床沉积物渗透系数、降水量等,为了研究河流补给对地下水涵养的影响,基于室外试验研究河床沉积物渗透系数,由于河道存在防洪限制水位,综合考虑防洪与涵养地下水需求,需要对不同水位下河流水的渗流速度进行测算,确定在满足防洪功能需求的前提下提升地下水涵养效果的理想水位。

4.2.1　试验原理

以往在分析模拟河流渗透涵养地下水时,无论河水与地下水是否具有统一浸润曲线以及河流是否完整切割含水层,常将河流作为第一类边界条件或第二类边界条件处理,研究主要集于两者之间为饱和水力联系的情况。通常采用达西定律描述饱和土中水的渗流速度与水力坡降之间线性关系的规律。渗流量与上下游水头差和垂直于水流方向的截面面积成正比,而与渗流长度成反比,公式为:

$$Q = KFh/L \tag{4-7}$$

式中:Q 为单位时间渗流量;F 为过水断面面积;h 为总水头损失;L 为渗流路径长度,$J = h/L$ 为水力坡度;K 为渗透系数。

通过某一断面的流量 Q 等于流速 v 与过水断面面积 F 的乘积,即 $Q=Fv$。据此,达西定律也可以用另一种形式表达:

$$v = KJ \tag{4-8}$$

式中:v 为渗流速度。

上式表明,渗流速度与水力坡度的一次方成正比,说明渗流速度与水力坡度呈系数为 K 的线性关系。当水力坡度为 1 时,渗透系数数值上等于渗透速度。

河床沉积物的渗透能力直接或间接地影响河水与地下水之间的转化量,河床沉积物渗透系数的空间变异性很大,且该值的空间变化能加速河流-地下水水量交换过程[74-75]。渗透系数是有关含水层非常重要的水文地质参数,其数值随空间和方向变化。因此,研究河床沉积物渗透规律,对解决河流对地下水涵养问题有着重要的意义。

渗透系数是单位水力梯度下的单位流量,表示流体通过孔隙骨架的难易程度,它是渗流计算中必须用到的一个基本参数值,常用的野外现场测定方法包括微水与排水试验法、原位竖管试验法、渗透仪试验法及数值模拟等方法,但只有竖管法可现场测定河床各个方向的渗透系数[76-77],原位竖管法的原理比较接近于渗透仪试验法,试验装置简易、操作方便,且在渗透系数测定方面更加准确便捷。原位竖管法可以直接在含水层中进行,保证了含水层结构不发生变化,从而使渗透系数测定结果更加准确。此外,原位竖管法还可以进行含水层不同方向上的渗透系数测定,能够灵活地测定含水层渗透系数的各向异性特征。试验原理如图 4-17 所示。

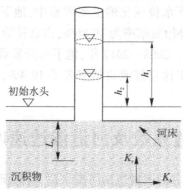

图 4-17　竖管法试验原理

将聚乙烯管直接打入河床沉积物中,在原位测定河床沉积物的垂向渗透系数 K_v 值。图 4-17 中 K_h 是河床沉积物的横向渗透系数。

河床沉积物原位竖管法渗透系数的计算公式为:

$$K_v = \frac{\pi D/(11m) + L_v}{t_2 - t_1}\ln(h_1/h_2) \tag{4-9}$$

式中:D 为聚乙烯管的内直径,cm;L_v 为聚乙烯管所取沉积物厚度,cm;h_1、h_2 分别为竖管中两个时刻 t_1 和 t_2 所对应的水头值;$m = \sqrt{K_h/K_v}$,当 $L_v > 5D$ 时,m 一般可取 1~10 之间的值,产生的误差较小。

简化后计算公式如下:

$$K_v = \frac{L_v}{t_2 - t_1}\ln(h_1/h_2) \tag{4-10}$$

在桓台县,由于自然因素和人类活动加剧,使地下水位持续下降和地下水位降落漏斗不断扩展,可能会造成包气带厚度不断增大,来自河水入渗补给地下水的路径和时间延长,地下水获取补给的能力减弱。河流与地下水关系发生了相应变化,从而对河流涵养地下水的过程演化产生了重要影响。在大规模开采地下水的情况下,地下水位的大幅下降会导致河流与地下水发生脱节,河水与地下水将不再具有统一浸润曲线,两者之间出现包气带,其水力联系由饱和流转换为非饱和流。

据此,本书采取竖管法试验思路,根据桓台县实际情况设计新的试验方法。将桓台县河道概化为梯形断面,分为河道中心及边坡两部分。将河道中心的河流渗漏概化为垂直于河道底面的垂向渗漏;边坡的河流渗漏量概化为垂直于边坡斜面的矢量,进一步分解为平行于水面方向的侧向渗漏以及垂直于河道底面的垂向渗漏。河道渗漏概化如图 4-18 所示。

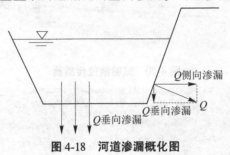

图 4-18　河道渗漏概化图

4.2.2　试验装置研发

针对试验需求,设计了一种用于野外现场的,测量不同水位下河床沉积物渗流速度的试验装置,用以满足现有的试验需求,同时测算不同水位下河床沉积物的垂直与侧向渗流速度、降雨量、蒸发量和沉积物的渗透系数,为模型模拟提供实际可靠的参考依据。

试验仪器包括 4 个规格相同且相互独立的不锈钢圆筒,分别为 1 号、2 号、3 号和 4 号筒,其中 1 号、3 号和 4 号测量筒配备筒盖用来抑制蒸发;4 号筒下端做斜切处理,用来研究河流侧向渗流情况;筒高 240 cm,筒口截面面积为 1 000 cm²。四筒下端开口,边缘打磨锋利。装置均安装在河道滩地上,监测垂向与侧向渗流,筒内装上水以模拟不同水位下的河流渗透情况。试验装置布置如图 4-19 所示。

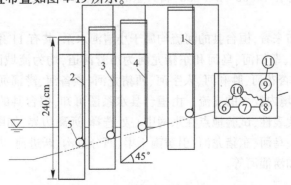

1—筒 1;2—筒 2;3—筒 3;4—筒 4;5—液位变送器;6—数据采集模块;
7—可视模块;8—无线通信模块;9—云端服务器;10—电源模块;11—PC 终端。

图 4-19　试验装置布置

测量仪器为液位传感器,实时观测记录试验数据的变化情况。传感器采用星仪传感器公司研发生产的 CYW11 通用型投入式液位变送器。

传感器迎液面受到的压力公式为:$P = \rho g h + P_o$。其中,P 为传感器迎液面所受压强;ρ 为被测液体密度;g 为重力加速度;P_o 为液面上大气压;h 为传感器投入液体的深度。当传感器投入到被测液体中某一深度时,被测介质的压力引入到传感器的正压腔,通过线缆导气管将液面上的大气压 P_o 与传感器的负压腔相连,以抵消传感器正面的 P_o,使传感器测得压力为 $\rho g h$,通过测取压力 P 可以得到液位深度。

试验液位传感器与显示屏如图 4-20 和图 4-21 所示。

图 4-20　试验液位传感器

图 4-21　试验显示屏

4.2.3　试验地点选择与确定

首先,从地形地貌方面来看,桓台县位于鲁北平原的南部,主要位于华北台坳东南边缘地带,地势呈南高北低之势,同时自西南向东北缓倾。地面高程 7~29.5 m,呈坡状起伏,地貌类型差异不大,比降在 1/800~1/3 000,属典型的平原,区域内表层土质主要为粉砂土,差异不大。

其次,从水网分布来看,桓台县的河流均属于小清河水系,共有 11 条河流。其中主要河流小清河为省管河道,孝妇河、乌河和东猪龙河为市管河道,均为流域面积较大的河流;另外,桓台县的青杨河-杏花河、胜利河、人字河、西猪龙河、预备河、涝淄河、友谊沟、大龙须沟及东部排洪沟均为县境内较大的支流。由桓台县水系图可知,桓台县的水网分布主要位于中部,为保证试验的代表性,试验地点在水网中心处选择,远离边界,如图 4-22 所圈位置,可选试验河道有孝妇河、乌河、东猪龙河、引黄南干渠、西分洪沟、跃进河、大龙须沟、小龙须沟、马家排沟、祁家排沟和涝淄河等。

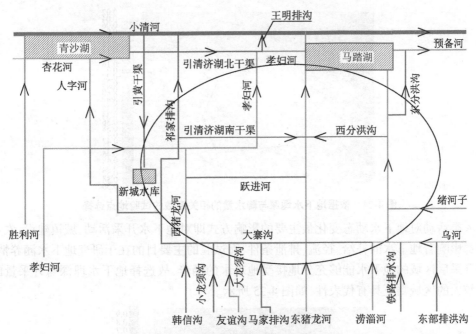

图 4-22　依据水网分布的试验地点选择

由桓台县 2018 年地下水埋深空间变化插值拟合结果可知,桓台县地下水位呈现北高东低的特点,北部地下水涵养效果不明显,故试验地点排除位于桓台县北部的河道,选择地下水埋深较深区域,如图 4-23 所示。

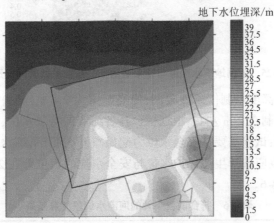

图 4-23　依据地下水埋深的试验地点选择

地下水埋深与年降水量有弱的负相关关系,由于不同区域的地下水埋深受降水影响不同,加上降水对试验结果存在一定影响,考虑到降水的因素,将试验地点选择在地下水埋深与降水相关性较弱的区域。根据桓台县不同位置地下水埋深与降水量的相关系数图,筛选合适的试验区域,如图 4-24 所示。

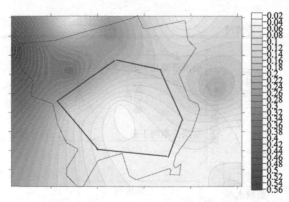

图 4-24　依据地下水埋深与降水量的相关系数的试验地点选择

人类活动对地下水动态变化最主要的影响方式即对地下水开采活动,城镇建设、农业灌溉等都影响着地下水的补给、径流、排泄条件,而试验的主要目的在于研究地下水涵养情况,验证开采后区域的地下水能够充分地接受地表水的涵养,故选择地下水埋深与开采量的相关性较大的区域则更具有代表性,如图 4-25 所示。

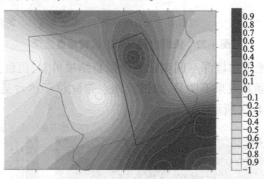

图 4-25　依据地下水埋深与开采量的相关系数的试验地点选择

最后,受人工安装高度与制作条件限制,筒高确定为 2.4 m,除去测量筒埋入土壤的深度,筒内水深最高应控制在 2 m 左右;根据桓台县各河流的特征水位,计算河底高程与安全水位的水位差,即水深;试验需要从安全水位为起始点开始测试,该水深为试验筒内应控制的最高水深。试验地点应选择生态保护水位与安全水位的水位差在 2 m 左右的河流,河流水位差计算结果见表 4-6。

表 4-6　符合试验条件的河流水位差计算结果

河流名称	生态保护水位/m	安全水位/m	水位差/m	2 m 左右
西猪龙河	9.84	12.50	2.66	
涝淄河	17.18	18.84	1.66	
杏花河	3.60	7.55	3.95	
孝妇河	9.57	11.70	2.13	√
东猪龙河	4.26	6.34	2.08	√
祁家排沟	5.37	6.51	1.14	
引黄南干渠	5.82	8.47	2.65	

续表 4-6

河流名称	生态保护水位/m	安全水位/m	水位差/m	2 m 左右
刘家船道	5.29	6.47	1.18	
预备河	1.17	3.32	2.15	√
十五号沟	5.06	6.39	1.33	
大元排沟	3.90	4.41	0.51	
乌河	12.79	14.24	1.98	√
乌河东分洪	4.14	7.27	3.13	
大寨沟接长	10.22	11.96	1.74	
马家排沟	16.94	18.01	1.07	
小清河	3.95	7.32	3.37	
诸顺沟	5.72	6.56	0.84	
胜利河	5.40	8.68	3.28	
孝妇河东分洪	4.87	6.43	1.56	

其中,东猪龙河、预备河、乌河、孝妇河 4 条河流的河底高程与安全水位的差最接近 2 m,符合初步试验条件,对 4 条河流分别进行了实地考察。

乌河的部分河段为硬质护坡,如图 4-26 所示,不适合试验条件;东猪龙河基本为自然护坡,边坡生长有草本植物和灌木,岸顶上有柳树和杨树,河道内水体流动均较为缓慢,部分河段边坡植被生长茂盛,如图 4-27 所示,为避免植物根系对水柱下渗的影响,应尽量选择边坡尚未生长植物的河段。结合桓台县地下水位北高东低的特点,北部地下水涵养效果不明显,故试验地点排除位于桓台县北部的预备河与孝妇河。

图 4-26　乌河的部分河段为硬质护坡

图 4-27　东猪龙河自然护坡

综上所述,分别在东猪龙河与乌河进行了试点安装,如图 4-28 所示。安装时发现乌河河段水深较深,不利于安装;东猪龙河部分河段水深较浅,可以减少筒外自由水对试验的影响。

图 4-28　乌河试点安装

通过逐一筛查选址方案,在乌河、东猪龙河等各河流实地考察地形地貌及河流状况,综合比对分析,结合对试验因素的考量,试验选址位于桓台县中部,东猪龙河主河道,水位较浅,边坡杂草少,土质为桓台县主要的粉砂土,该河道具有一定的代表性,同时旁边有水闸房提供稳定的野外电源帮助长期试验监测,便于试验的操作。试验具体位置见图 4-29。

图 4-29　试验最终选址

4.2.4　试验安装及数据采集

4.2.4.1　试验安装

由于东猪龙河河道内有少量水,需在河道内搭建高于水面的不锈钢平台,作为安装人员的落脚点;立于平台,使用气夯施加外力将测量筒分别垂直打入河底沉积物及边坡中50 cm;用水泵抽取河水向测量筒内注水,使筒内水位达到一定高度。将投入式液位传感器放入筒中,开始数据采集。采集一段时间后,可再次注水持续观测。现场试验如图 4-30、图 4-31所示。

四筒安装情况分别为:筒 1 安装于滩地非饱和土壤内,其余筒安装于河流中饱和土壤内;筒 2 不设筒盖;筒 4 下端做 45°斜切处理。

图 4-30　现场试验图(一)　　　　　　　　图 4-31　现场试验图(二)

4.2.4.2　试验数据采集与整理

非汛期河道内水量较少,水位较低,方便试验装置的安装,同时降低了装置的安装风险,故选择在非汛期进行野外原位试验。

由于试验暴露在野外环境下,冬季受霜冻影响,野外筒内水体存在结冰问题;加上试验时间跨度长,气候条件明显改变;原河道水位条件变化明显,试验环境发生较大变化,故将试验按霜冻前后分为两个阶段。

第一阶段观测时间为 2020 年 10 月 30 日至 2020 年 12 月 25 日,第二阶段观测时间为 2021 年 1 月 18 日至 2021 年 6 月 10 日。因为汛期来临,河道内水位即将高于试验筒深的高度,无法继续试验,以及为了避免试验装置被洪水冲毁,于 6 月 11 日移除试验装置。

野外试验本身存在不确定性因素,中途设备离线、断电等问题会造成数据记录与读取偏差,为消除此类外部影响,通过数据整合、校正的方法,得到有效数据后再分别对两个阶段的河道渗漏量进行计算分析。

基于试验的两点假设:

(1)假设 4 号测量筒底部渗流可分解为垂向渗流与侧向渗流。

(2)试验季节为旱季,降雨较少,筒外自由水面水位视为固定值,忽略其对筒内水柱的影响。

数据整理过程与结果如下。

1.试验第一阶段

第一阶段观测时间为 2020 年 10 月 30 日至 2020 年 12 月 25 日,由于筒 1 为非饱和土壤渗漏,试验初期渗漏速度较快,取每 6 h 一次读数,试验后期渗漏速度缓慢,取 24 h 一次读数;考虑到仪器精度,筒内水深低于 0.1 m 后停止读数;筒 2~筒 4 为饱和土壤渗漏,渗漏速度较慢,故根据筒内水深变化选取读数;筒 2 同时监测降雨信息,故每场降雨前后对筒 2 进行额外读数,并整理扣除期间 11 月 17 日、11 月 21 日、12 月 15 日三次降雨量;由于现场试验操作的误差,桶内水柱的初始高度未能保持一致,通过数学拟合的方法对曲线延长后进行分析。

数据整理结果见表 4-7~表 4-11。

表 4-7　筒 1 实测时间–水深变化

日期(月-日)	10-30				11-01			
时间(时:分)	12:00	18:00	00:00	06:00	12:00	18:00	00:00	06:00
水深/m	1.89	1.67	1.45	1.34	1.22	1.16	1.07	1.00
日期(月-日)	11-02				11-03			
时间(时:分)	12:00	18:00	00:00	06:00	12:00	18:00	00:00	06:00
水深/m	0.95	0.90	0.83	0.79	0.75	0.73	0.69	0.66
日期(月-日)	11-04				11-05			
时间(时:分)	12:00	18:00	00:00	06:00	12:00	18:00	00:00	06:00
水深/m	0.64	0.63	0.59	0.58	0.57	0.53	0.52	0.51
日期(月-日)	11-06				11-07			
时间(时:分)	12:00	18:00	00:00	06:00	12:00	18:00	00:00	06:00
水深/m	0.48	0.46	0.45	0.43	0.42	0.41	0.40	0.39
日期(月-日)	11-08				11-09			
时间(时:分)	12:00	18:00	00:00	06:00	12:00	18:00	00:00	06:00
水深/m	0.38	0.38	0.36	0.36	0.35	0.34	0.33	0.32
日期(月-日)	11-10	11-11	11-12	11-13	11-14	11-15	11-16	11-17
水深/m	0.28	0.26	0.24	0.22	0.21	0.2	0.19	0.18
日期(月-日)	11-18	11-19	11-20	11-21				
水深/m	0.16	0.14	0.13	0.10				

表 4-8　筒 2 实测时间–水深变化

日期(月-日)	11-01	11-02	11-03	11-04	11-05	11-06	11-07	11-08
水深/m	1.78	1.77	1.79	1.81	1.80	1.79	1.79	1.78
日期(月-日)	11-09	11-13	11-16	11-17	降雨后	11-19	11-21	降雨后
水深/m	1.78	1.77	1.76	1.76	1.77	1.76	1.75	1.77
日期(月-日)	11-25	11-29	12-03	12-06	12-08	12-11	12-14	12-15
水深/m	1.76	1.75	1.74	1.73	1.72	1.71	1.70	1.70
日期(月-日)	降雨后	12-19	12-21	12-22	12-24	12-25		
水深/m	1.73	1.72	1.71	1.70	1.69	1.68		

表 4-9　筒 2 扣除降雨量后时间–水深变化

日期(月-日)	11-01	11-02	11-03	11-04	11-05	11-06	11-07	11-08
水深/m	1.78	1.77	1.79	1.81	1.80	1.79	1.79	1.78
日期(月-日)	11-13	11-16	11-19	11-21	11-25	11-29	12-03	12-06
水深/m	1.77	1.76	1.75	1.74	1.73	1.72	1.71	1.7
日期(月-日)	12-08	12-11	12-14	12-19	12-21	12-22	12-24	12-25
水深/m	1.69	1.68	1.67	1.66	1.65	1.64	1.63	1.62

表 4-10　筒 3 时间–水深变化

日期(月-日)	10-30	11-01	11-02	11-03	11-04	11-08	11-12	11-17	11-21
水深/m	1.72	1.68	1.67	1.68	1.69	1.68	1.67	1.66	1.65
日期(月-日)	11-25	11-29	11-30	12-03	12-09	12-13	12-14	12-15	12-24
水深/m	1.64	1.63	1.62	1.61	1.60	1.59	1.58	1.57	1.56

表 4-11　筒 4 时间–水深变化

日期(月-日)	10-30	11-04	11-08	11-09	11-10	11-11	11-12	11-13
水深/m	1.52	1.51	1.49	1.48	1.45	1.39	1.34	1.30
日期(月-日)	11-14	11-15	11-16	11-17	11-18	11-19	11-20	11-21
水深/m	1.25	1.23	1.20	1.17	1.14	1.12	1.09	1.08
日期(月-日)	11-22	11-23	11-24	11-25	11-26	11-27	11-28	11-29
水深/m	1.08	1.07	1.06	1.03	1.02	1.01	0.98	0.97
日期(月-日)	12-03	12-08	12-09	12-11	12-13	12-14	12-15	12-24
水深/m	0.96	0.95	0.94	0.93	0.92	0.90	0.89	0.88

2.试验第二阶段

第二阶段观测时间为 2021 年 1 月 18 日至 2021 年 6 月 10 日,筒 1 的非饱和土壤渗漏试验结束,筒内水深为 0,故不再读数,将其作为对比试验,保持空筒状态不再注水,用于验证假设 2,若存在影响,即筒外自由水位上涨时向筒内渗水,可根据筒 1 内水深涨幅数据对影响程度进行定量分析。

筒 2～筒 4 内的初始水深分别为 1.57 m、0.64 m、0.82 m,依旧为饱和土壤渗漏,仍根据筒内水深变化选取读数。筒 2 整理扣除期间 3 月 1 日、3 月 27 日、4 月 15 日、4 月 22 日、4 月 26 日、5 月 16 日、5 月 31 日、6 月 1 日、6 月 2 日、6 月 10 日 10 次降雨量。

整理结果详见表 4-12～表 4-16。

表4-12　筒2实测时间–水深变化

日期（月-日）	01-21	01-26	02-01	02-04	02-05	02-06	02-10	02-12
水深/m	1.57	1.56	1.53	1.52	1.51	1.50	1.48	1.47
日期（月-日）	02-15	02-17	02-18	02-20	02-21	02-23	02-26	02-28
水深/m	1.46	1.45	1.44	1.43	1.42	1.41	1.40	1.39
日期（月-日）	03-01	降雨后	03-02	03-04	03-06	03-07	03-10	03-13
水深/m	1.39	1.43	1.42	1.41	1.40	1.39	1.38	1.37
日期（月-日）	03-16	03-19	03-22	03-23	03-24	03-25	03-27	降雨后
水深/m	1.36	1.34	1.33	1.32	1.31	1.30	1.29	1.30
日期（月-日）	03-29	04-09	04-13	04-15	降雨后	04-16	04-18	04-20
水深/m	1.29	0.83	0.82	0.81	0.82	0.81	0.80	0.79
日期（月-日）	04-22	降雨后	04-25	04-26	降雨后	04-29	05-02	05-05
水深/m	0.78	0.79	0.78	0.78	0.80	0.79	0.78	0.77
日期（月-日）	05-07	05-10	05-12	05-13	05-15	05-16	降雨后	05-18
水深/m	0.76	0.75	0.74	0.73	0.72	0.71	0.72	0.71
日期（月-日）	05-21	05-23	05-26	05-28	05-31	降雨后	06-01	降雨后
水深/m	0.7	0.69	0.68	0.67	0.66	0.67	0.67	0.68
日期（月-日）	06-02	降雨后	06-05	06-07	06-09	06-10	降雨后	
水深/m	0.68	0.72	0.71	0.70	0.69	0.69	0.70	

表4-13　筒2整理后时间–水深变化

日期（月-日）	01-21	01-26	02-01	02-04	02-05	02-06	02-10	02-12
水深/m	1.57	1.56	1.53	1.52	1.51	1.50	1.48	1.47
日期（月-日）	02-15	02-17	02-18	02-20	02-21	02-23	02-26	02-28
水深/m	1.46	1.45	1.44	1.43	1.42	1.41	1.40	1.39
日期（月-日）	03-01	03-02	03-04	03-06	03-07	03-10	03-13	03-16
水深/m	1.39	1.38	1.37	1.36	1.35	1.34	1.33	1.32
日期（月-日）	03-19	03-22	03-23	03-24	03-25	03-27	03-29	04-09
水深/m	1.30	1.29	1.28	1.27	1.26	1.25	1.24	1.20
日期（月-日）	04-13	04-15	04-16	04-18	04-20	04-22	04-25	04-26
水深/m	1.19	1.18	1.17	1.16	1.15	1.14	1.13	1.13
日期（月-日）	04-29	05-02	05-05	05-07	05-10	05-12	05-13	05-15
水深/m	1.12	1.11	1.10	1.09	1.08	1.07	1.06	1.05
日期（月-日）	05-16	05-18	05-21	05-23	05-26	05-28	05-31	06-01
水深/m	1.04	1.03	1.02	1.01	1.00	0.99	0.98	0.98
日期（月-日）	06-02	06-05	06-07	06-09	06-10			
水深/m	0.98	0.97	0.96	0.95	0.95			

表 4-14　阶段 2 筒 3 实测时间–水深变化

日期(月-日)	01-18	01-21	02-04	02-10	02-15	02-23	03-07	03-19
水深/m	0.64	0.63	0.62	0.62	0.61	0.60	0.59	0.58
日期(月-日)	03-30	04-07	04-08	04-09	04-18	05-01	05-16	06-10
水深/m	0.57	1.28	0.9~0.84	0.56	0.55	0.54	0.53	0.52

表 4-15　筒 3 整理后时间–水深变化

日期(月-日)	01-18	01-21	02-04	02-10	02-15	02-23	03-07	03-19
水深/m	0.64	0.63	0.62	0.62	0.61	0.60	0.59	0.58
日期(月-日)	03-30	04-09	04-18	05-01	05-16	06-10		
水深/m	0.57	0.56	0.55	0.54	0.53	0.52		

表 4-16　筒 4 整理后时间–水位变化

日期(月-日)	01-18	01-21	02-01	02-04	02-10	02-15	02-18	02-19
水深/m	0.82	0.81	0.8	0.79	0.78	0.77	0.76	0.77
日期(月-日)	02-22	02-27	03-06	03-14	03-19	03-25	04-01	04-08
水深/m	0.76	0.75	0.74	0.73	0.72	0.71	0.70	0.69
日期(月-日)	04-13	04-20	04-27	05-09	05-23	06-10		
水深/m	0.68	0.67	0.66	0.65	0.64	0.63		

4.2.5　河床沉积物渗透系数及河道渗透速度的分析

4.2.5.1　第一阶段

根据整理的试验数据可知,试验初期的筒内水深变化不稳定,取试验稳定后数据绘制 4 个测量筒内水深随时间变化曲线,如图 4-32～图 4-35 所示。

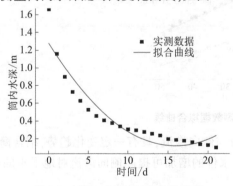

图 4-32　筒 1 水深–时间变化曲线

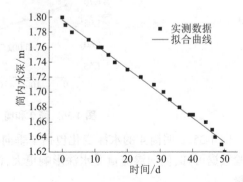

图 4-33　筒 2 扣除降雨量后水深–时间变化曲线

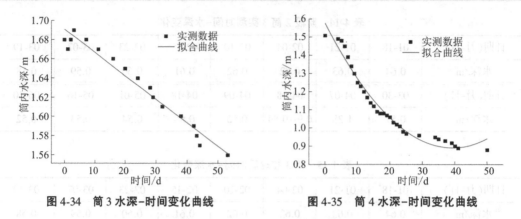

图 4-34　筒 3 水深–时间变化曲线　　　　图 4-35　筒 4 水深–时间变化曲线

图 4-32 表明,筒 1 内非饱和土壤渗透速度大于其他 3 筒的渗透速度,所测试验数据可用于计算该区河道的河床沉积物渗透系数。在试验过程中,当水位下降单位高度所需时间相同时,说明试验达到稳定。由试验结果可知,筒内水位在第 11 天后开始稳定下降,取前 11 天数据,根据竖管法简化公式(4-10),计算渗透系数为 0.087 m/d。由于桓台县大部分河床为粉砂土,砂层一般 3~6 层,埋深 3~70 m,总厚度为 5~30 m。各层间无稳定隔水层,水位变化基本一致;工程上粉砂土渗透系数经验值为 0.086 4~0.864 m/d,经试验计算的渗透系数与工程经验参数吻合,故可根据本试验结果推算桓台县其他河床沉积物渗透参数,也可为研究区域地下水数值模型率定提供参考依据。

图 4-33 和图 4-34 表明,筒 2 与筒 3 为饱和土壤垂向渗流,其水深–时间变化曲线接近直线,渗透速度稳定,符合达西定律。筒 2 内水深变化除了垂向渗流外还受降雨蒸发影响,去除试验期间降雨量后,将筒 2 与筒 3 所测数据绘制于同一坐标系,为消除现场试验操作的误差,对两条曲线进行线性拟合,延长变换后进行分析计算。

得到筒 2 水深时间变化方程为 $y = -0.003\ 3x + 1.80$,筒 3 水深–时间变化方程为 $y = -0.002\ 7x + 1.69$,如图 4-36 所示。通过计算得到日均蒸发量为所拟合直线的斜率之差,为 0.6 mm。

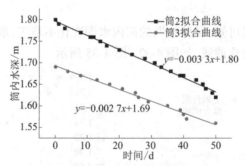

图 4-36　筒 2 和筒 3 实测数据拟合曲线

图 4-35 表明筒 4 的水深变化包括了垂向渗流与侧向渗流,具有一定变化趋势,结合筒 3 试验数据可知,侧向渗流量受水深影响更大,河道水位的增加可提高侧向渗流对地下水的补给量。

4.2.5.2　第二阶段

选取整理后的试验数据绘制 3 个测量筒内水深随时间变化曲线,如图 4-37~图 4-39 所示。

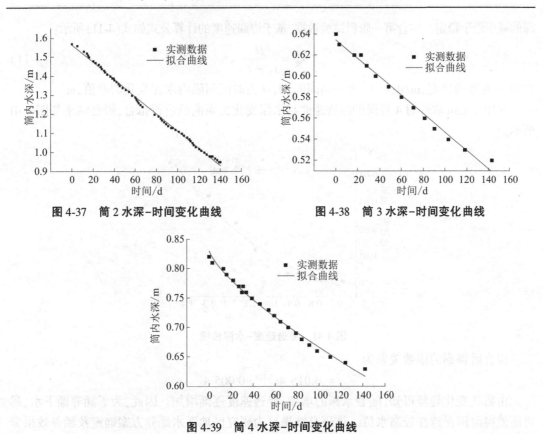

图 4-37 筒 2 水深–时间变化曲线   图 4-38 筒 3 水深–时间变化曲线

图 4-39 筒 4 水深–时间变化曲线

第二阶段末期河道内自由水位持续上涨,筒 1 读数持续为 0,表明筒外自由水未向筒内渗水,验证了假设 2,即筒外自由水位对筒内水位影响可忽略。

图 4-37 和图 4-38 表明,筒 2 与筒 3 依旧为饱和土壤垂向渗流,其水深–时间变化曲线接近直线,渗漏速度稳定,符合达西定律。同样地,去除试验期间降雨量后,将筒 2 与筒 3 所测数据绘制于同一坐标系,对两条曲线进行线性拟合,延长变换后进行分析计算。

得到筒 2 水深随时间变化方程为 $y=-0.004\,5x+1.563\,5$,筒 3 水深随时间变化方程为 $y=-0.000\,875x+0.634\,2$,如图 4-40 所示。通过计算得到日均蒸发量为所拟合直线的斜率之差,为 3.6 mm。

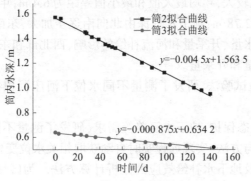

图 4-40 筒 2 和筒 3 实测数据拟合曲线

图 4-39 表明,随着筒内水深的降低,水深随时间的变化曲线接近直线,即渗漏速度随筒内水

深的减小趋于稳定。结合第一阶段试验数据,基于渗漏速度的计算公式如式(4-11)所示:

$$v_{渗} = \frac{D}{t_2 - t_1} \tag{4-11}$$

式中:v 为渗透速度,m/d;t_2-t_1 为时间间隔,d;D 为时间间隔内水深变化的差值,m。

采用 Origin 软件对 4 号筒的渗透速度与水深变化关系曲线进行拟合,拟合结果如图 4-41 所示。

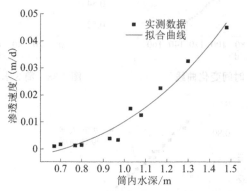

图 4-41　渗透速度-水深曲线

拟合后得到的函数关系为:

$$y = 0.015\ 4x^{3.109} - 0.005\ 4$$

由曲线变化趋势可知,随着水深的增加,渗透速度逐渐增加。因此,为了涵养地下水,尽可能使得河网保持在较高水位。该研究结果可为研究区地下水涵养方案确定及涵养效果分析提供参考依据。

4.3　本章小结

(1)地下水位变化特征及其主要影响因素。

利用桓台县 1982—2018 年地下水位监测数据,基于地下水位的时空动态变化分析,确定了影响桓台县地下水位变化的主要因素;利用趋势分析、M-K 检验、pearson 相关分析等方法,分析了地下水位变化趋势及各主要因素的影响。结果表明:近 30 年地下水位具有显著下降趋势,年际间变化较大,年均最大值和最小值差距为 6.4 m;年内地下水位呈双分峰型波动,波动幅度在 0.43～2.78 m;地下水埋深由北向南逐步加大,东南部形成地下水漏斗区。地下水位变化主要受降水量、开采量和河流补给的影响,西北部和东南部地区地下水位的主要影响因素分别为降水量和开采量。

(2)基于改进的原位试验法,研发了测量不同水位下河床沉积物渗流速度的试验装置与试验方法。

基于防洪减灾、水生态保护、地下水涵养等需求,研发了测量不同水位下河床沉积物渗流速度的野外试验装置与方法,实现远程实时自动获取相关水位变化信息;建立了不同水位下河床沉积物渗流速度及地下水补给效应的分析计算方法。为区域河网多维仿真模拟、调度及其地下水补给效应研究,提供切实的数据支撑和理论基础。

第 5 章　区域河湖水网调度模型与调度方案研究

5.1　Mike 模型简介

Mike11 是由丹麦水力研究所 DHI 开发的河网一维数学模型,是应用较为广泛的一款商业模型,广泛应用于河口区河网水动力-水质耦合模型的研究领域。

Mike11 软件具有算法可靠、计算稳定、界面友好、前后处理方便、水工建筑物调节功能强大等优点[78]。Mike11 河流模型包括降雨径流、对流扩散、泥沙输运、洪水模拟等模块,被广泛地应用于以下研究领域:河口、河流、河网的水量模拟;排水系统的区域分析和地面排水方案的优化;渠网优化布置以及灌区运行系统优化控制:潮汐、风暴潮、洪水分析与预报[79]。

模型的主要优点如下:

(1)广泛适用性。世界上有着成千上万的成功应用,已成为许多国家(澳大利亚、英国、孟加拉国等)的标准,并且经过多个国家政府组织以及应用机构的验证,表明模型的广泛适用性。

(2)模型可扩充性。模型中水动力水质等多个模块可相互选择,可应用于渠道、河网、溪流等多种类型的模拟。

(3)参数确定有效性。模型大多数计算模块具有用于参数自动率定、不确定性分析和灵敏度分析的功能。

(4)软件界面友好性。模型设计结构及工作流程合理,易于学习使用及结果演示。

(5)数据输入输出多种表现特性。软件提供 Mike View 等有效演示工具,讲解以多种形式表现出来,易于公众理解。

目前,Mike11 软件应用发展很快,并在国内外的一些大型水利水文工程中广泛应用[80-84],如:上海苏州河治理、淮河流域水质管理与应用、北京南沙河流域管理与规划、松辽流域水资源管理系统、上海县主要河流调水方案的水质影响分析,以及温瑞塘河河网水质模型研究等方面。程海云等在《丹麦水力研究所河流数学模拟系统》一文中系统介绍了用于河流、渠道及灌溉系统一维水流模拟的 Mike11 模拟系统,是国内较早关于 Mike11 的研究。顾玉蓉等[85]应用 Mike11 模拟系统建立了苏州河网的水动力数学模型,以此分析水系水量调度分析。

5.1.1　降雨径流模块

NAM 是丹麦语"Nedbor-Afstromnings-Model"的简称,其含义是"降雨径流模型",该模型最初由丹麦技术大学水动力和水资源系开发。NAM 模型是一个集总式、概念性的模型,基于中等强度的数据支持即可对陆相水循环的主要过程进行简化、定量模拟。从 20 世纪 60 年代起,NAM 模型被广泛应用到世界各地具有不同水文情势和气候条件的区域,是一个经过大量工程实践验证的模型工具。

5.1.1.1 降雨径流模型基本原理

作为一个概念性的集总模型,NAM 将整个流域作为一个模拟单元,各参数或变量代表整个流域的平均取值。因此,大部分参数的最终取值需要通过水文监测数据进行率定。模型通过连续计算 4 个不同且相互关联的储水层(Storages)的含水量来模拟流域降雨径流过程,每个储水层代表了流域不同的物理单元,分别是积雪储水层、地表储水层、土壤或植物根区储水层、地下水储水层,模型可以模拟连续时间段的水文过程,也可以模拟单次降雨事件(见图 5-1、图 5-2)。此外,NAM 模型也能在一定程度上模拟人类活动对流域水文的影响,如灌溉和地下水抽取等,但是其描述强度不高。

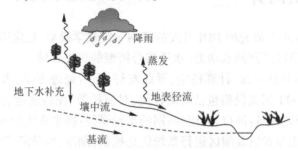

图 5-1　NAM 模型模拟的水文过程

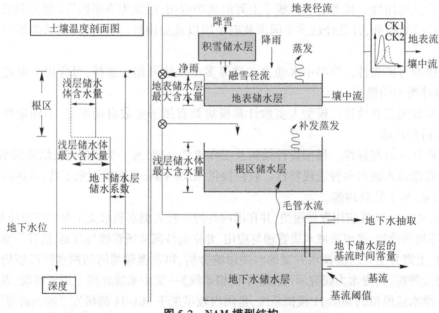

图 5-2　NAM 模型结构

1.产流和蒸散发计算

地表蓄水层蓄水容量 U_{max} 反映了流域植被截流、洼地蓄水及上层耕作、土壤蓄水等特性。地表蓄水层主要提供蒸散发及向浅层和地下蓄水层的下渗,而当地表蓄水层达到蓄水容量后,会有净雨量 P_N 出现,此时部分 P_N 会直接以地表径流的形式汇入河流。

浅层蓄水容量 L_{max} 表示提供植物蒸散发所需水分的根系层土壤所能达到的最大含水量,可由野外观测数据初定其取值范围,也可以由流域特性、参数分布规律确定初值,然后通过多年总水量平衡进行率定。

蒸散发计算采用两层模型。E_1 表示地表蓄水层蒸发量,当地表蓄水层蓄水量 U 大于蒸散发能力 E_P 时,以蒸散发能力 E_P 蒸发。当 U 小于蒸散发能力 E_P 时,蒸发量先从地表蓄水层扣除,不足部分再从浅层蓄水层蒸发,浅层蓄水层实际蒸发量 E_2 与剩余蒸散发能力及根系带相对含水量成正比,计算公式为:

$$E_2 = (E_P - U) \cdot L/L_{\max} \tag{5-1}$$

1)地表径流

当 U 超过地表蓄水层蓄水能力 $U_{\max}$ 时,模型将净雨量 P_N 进行下一次水量分配,一部分生成地表径流 QOF(Overland Flow),一部分为下渗量,假设 QOF 与 P_N 成正比,并且随下层相对含水量呈线性变化(见图 5-3)。QOF 可用式(5-2)表示:

$$QOF = \begin{cases} CQOF \dfrac{\dfrac{L}{L_{\max}} - TOF}{1 - TOF} & \dfrac{L}{L_{\max}} > TOF \\[4mm] 0 & \dfrac{L}{L_{\max}} \leqslant TOF \end{cases} \tag{5-2}$$

式中:CQOF 为地表径流系数,0<CQOF<1;L 为浅层蓄水层蓄水深度;$L_{\max}$ 为浅层蓄水层蓄水容量;TOF 为地表径流阈值,0<TOF<1;P_N 为净雨量,是实际降水量中扣除蒸发量和地表截留量。

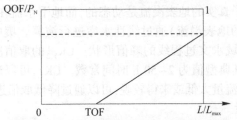

图 5-3　NAM 模型中地表径流计算示意图

不形成地表径流的部分超出水量将入渗到根系调蓄区,其中一部分入渗的水量($D_L = P_N - QOF$)将增加根系调蓄区的含水量,剩下的入渗水量(G),假定向更深处入渗,并与地下水调蓄区交换。

2)壤中流

壤中流 QIF(Interflow)产生于地表蓄水层。假设它与地表蓄水层蓄水量 U 成正比,而且随根系带土壤相对含水量呈线性变化,则 QIF 可用如下公式计算:

$$QIF = \begin{cases} (CKIF - 1) \dfrac{\dfrac{L}{L_{\max}} - TIF}{1 - TIF} U & \dfrac{L}{L_{\max}} > TIF \\[4mm] 0 & \dfrac{L}{L_{\max}} \leqslant TIF \end{cases} \tag{5-3}$$

式中:CKIF 为壤中流出流时间常数,h;TIF 为根系带壤中流产流阈值,$0 \leqslant TIF \leqslant 1$;$L$ 为地表储水层的含水量,mm。

3)基流

对地下蓄水层补给量 G、毛管水流 CAFLUX,地下水净抽取量 GWPUMP 以及基流 BF 进行连续演算,可得地下水位。其中参数 CAFLUX 是可选的,可用每月的净抽取率来计算。

基流可看成是一个出流时间为 CKBF 的线性水库的出流,计算公式如下:

$$BF = \begin{cases} (GWLBFO - GWL)S_y(CKBF)^{-1} & GWL \leqslant GWLBFO \\ 0 & GWL > GWLBFO \end{cases} \quad (5-4)$$

式中:GWLBFO 为地下蓄水层产流的最大水深,其物理意义表示河水位至流域平均地表面的距离;S_y 为地下水储水层出水系数;GWL 为地下水埋深;CKBF 为基流时间常数,h。

地下蓄水层水量除生成基流外,还通过毛管作用与浅层蓄水层进行水分交换,从地下蓄水层上升到浅层土壤的毛管通量取决于地下水位至地表的距离,并与浅层土壤的相对含水量相关,毛管通量计算公式为:

$$CAFLUX = (1 - L/L_{max})^{1/2}(\frac{GWL}{GWLFL_1})^{-\alpha} \cdot 1 \text{ mm/d} \quad (5-5)$$

式中:$\alpha = 1.5 + 0.45GWLFL_1$;$GWLFL_1$ 为根系带完全干枯时,毛管水流达到 1 mm/d 的地下水埋深。

4)壤中流和地表径流演算

壤中流通过与同一个时间常量 CK_{12} 联系的两个线性水库进行演算。地表径流也是基于线性水库的概念进行演算,但是其时间参量是变化的。

$$CK = \begin{cases} CK_{1,2} & OF < OF_{min} \\ 0 & OF > OF_{min} \end{cases} \quad (5-6)$$

式(5-6)实际上确保了真实的地表漫流是动态的,而地下水流在 NAM 模型中当作地表径流(在集水域中没有真实的地表漫流)通过线性水库进行演算。壤中流和地表径流的演算时间常数 $CK_{1,2}$ 决定了集水域水文过程线的峰值形状。$CK_{1,2}$ 的取值决定了集水域的形状和集水域对降雨的响应速度,其典型值为 2~50 h 时间常数。$CK_{1,2}$ 可以通过集水域的洪峰流量进行率定。如果模拟的峰值流量太低或来得较晚,可以通过降低取值进行修正,反之亦然。

5)地下水入渗补给量

净雨 P_N 扣除地表径流后由下渗模型再进行一次水量分配,一部分进入地下蓄水层,另一部分进入浅层蓄水层。进入地下蓄水层的水量为:

$$D_L = P_N - QOF - G \quad (5-7)$$

2.汇流计算

地表径流和壤中流的出流均可用单一的线性水库来模拟,其出流时间分别为 CK_1 和 CK_2。3 种径流成分(地表径流、壤中流及基流)计算完成后,分别进行线性水库汇流计算,叠加至流域出口断面,即为计算总径流量。

Mike11 NAM 模型中壤中流和地表径流的汇流模型分别采用两个串连的线性水库和单一线性水库,其中壤中流在两个线性水库中的汇流时间常数采用相同值。从地下蓄水层中产生的基流也可以看成是一个线性水库的出流,汇流时间常数为 CKBF。

线性水库汇流计算公式如下,对于入流为离散型的单一线性水库模型,欲分析其汇流特征,须首先建立差分方程。当用单一线性水库来模拟流域入流、出流过程时,其数学描述为:

$$I_t - Q_t = \frac{dw_t}{dt}, w_t = kQ_t \quad (5-8)$$

式中:I_t、Q_t 为流域(线性水库)的入流和出流过程;w_t 为流域(线性水库)的蓄水过程;k 为流域(线性水库)的蓄水量常数。

5.1.1.2 降雨径流模型构建所需资料

(1)研究区流域的数字高程模型(DEM)。一般可以通过美国航空宇航局网站提供的数字高程模型下载制作,用于生产研究区域的地形高程,提取各个河网支流,为子流域的划分提供基础信息。

（2）流域各水文站点的日雨量及重要站点的时段雨量资料。一般情况下,日降雨资料就已足够,降雨资料的时间间隔可以随意,模型将根据模拟步长进行适当的内插,某时间降雨量数据为此时间累计值。

（3）流域各水文站点的日均流量及部分站点的洪水摘录资料。流域出口处的流量实测值与模型计算值进行比较,以保证模型的计算精度,此数据为时间内平均值。

（4）流域各水文站点的日均蒸发资料。如果是日模拟步长,则可以采用月蒸发数据(此时使用日蒸发数据对模型的计算没有任何提高),如果是较小的模拟步长,则需采用日蒸发数据,亦为时间累计值。

5.1.1.3　降雨径流模型率定与验证

在建模过程中,需要不断对模型进行率定,即不断调整模型中各子流域的参数(见表 5-1),尽量使计算的降雨产生径流与实测的流量拟合良好。

表 5-1　Mike11 RR NAM 模块率定参数

NAM 模块参数	含义	取值范围
U_{max}（地表储水层最大蓄水量）	主要影响地表蒸发和水量平衡,降雨扣除植物截留、填注、向更深储水层下渗,地表储水层蓄水量达到 U_{max} 后才产生净雨量 P_N	10~25 mm
L_{max}（根层储水层最大需水量）	主要影响植物散发和水量平衡,L_{max} 可由田间持水量与凋萎含水量的差值求得,但 L_{max} 应是整个流域上的平均值,不能直接观测得到,可通过测量确定范围	50~250 mm,一般 $L_{max} \approx 0.1 U_{max}$
CQOF（地表径流系数）	主要影响地表径流和入渗量的分配比例,决定水量分配,控制峰值流量。对于坡降平坦、砂质土壤、不饱和层较厚的流域,CQOF 值较小;而下渗能力差、黏性土壤的流域则反之	0~1
CKIF（壤中流出流时间常量）	由地表储水层排出的壤中流,决定其产生的时间相位。但因壤中流在 3 种径流成分中比例较小,故对总体而言,并不重要	500~1 000 h
CK$_{1,2}$（地表径流/壤中流汇流时间常量）	取值源于流域大小及降雨汇流的快慢,可以根据峰值的拟合情况调整,数值越小,汇流时间越小,洪峰形状越尖越窄。为简化计算,令 CK$_1$ = CK$_2$	3~48 h
TOF（地表径流临界值）	产生地表径流所需要的相对最低土壤含水量,反映在根层蓄水量蓄满时地表径流的产生时间,并可依此估算,一般只在枯水期作用,且通常在半干旱流域作用较大	0~1
TIF（壤中流临界值）	产生壤中流所需要的相对最低土壤含水量,反映在根层蓄水量蓄满时壤中流的产生时间,并可依此估算,且通常在半干旱流域作用较大	0~1
TG（地下径流临界值）	产生地下径流所需要的相对最低土壤含水量,可以反映在根层蓄水量蓄满时地下径流的产生时间,通常在半干旱流域作用较大	0~1
CKBF（基流出流时间常量）	控制基流流量过程线的形状,在干旱期,可以通过退水曲线进行分析估算	500~5 000 h

Mike 的降雨径流模型的率定采用 NAM 模型的自动率定功能,主要利用率定期内总水量平衡和洪峰流量的均方根差最小两项来实现对率定目标函数组合,从而可以计算出每个子流域的各项参数值,进一步用人工对参数值进行微调。在进行模型率定时,处于源头的子流域可以直接利用其流域出口控制站的实测流量进行率定;而区间内的子流域则不能直接进行参数率定,参数取用或参照邻近子流域的模型参数。

5.1.2　水动力模块

水动力学模型的建立包括模型控制方程组的公式简化、方程组的数值离散和求解、模型初始条件和边界条件的确定、模型参数的率定和验证、水动力水质参数灵敏度分析等一系列步骤。由于河口河网既受上游径流的影响,又受河口浅海潮流的双重影响,河口区河网水动力条件错综复杂,不同于一般河流,由此带来方程组离散和求解上的困难。Mike11 HD 可用于模拟一维河道及河口河网水流,采用隐式有限差分格式离散方程,同时模型也适用于一维河道支流、河网及准二维的平原区水流的水动力模型。Mike11 HD 是Mike11 模型系统的核心程序,同时是大多数模块,如洪水预报、对流弥散、泥沙输移、水质模拟的基础。

5.1.2.1　Mike11 HD 模型基本原理

1.Mike11 HD 模块控制方程

Mike11 河流水动力模型基于一维明渠非恒定流方程,其理论基础是 Saint-Venant,包括水流连续方程(质量守恒定律)和动量方程(牛顿第二定律):

(1)连续方程:

$$\frac{\partial A}{\partial t} + \frac{\partial Q}{\partial x} = q \tag{5-9}$$

(2)动量方程:

$$\frac{\partial Q}{\partial t} + \frac{\partial}{\partial x}\left(\alpha \frac{Q^2}{A}\right) + gA\frac{Q|Q|}{K^2} = 0 \tag{5-10}$$

式中:Q 为流量,m^3/s;q 为侧向入流,m^3/s;t 为时间,s;x 为沿水流方向的距离,m;A 为过水断面面积,m^2;α 为动量修正系数;g 为重力加速度,m/s^2。

Mike11 HD 方程组属于二元一阶双曲型拟线性方程组,通常用有限差分法求数值解,求解 Saint-Venant 方程组基于以下假设:

(1)流速沿整个过水断面或垂线均匀分布,可用其平均值代替。不考虑水流垂直方向的交换和垂直加速度,从而可假设水压力呈静水压力分布,即与水深成正比。

(2)河床比降小,其倾角的正切与正弦值近似相等。

(3)Mike11 HD 计算水流为渐变流动,水面曲线近似水平,而超临界水流的模拟计算需要严格的限定条件。在计算不恒定的摩阻损失时,常假设可近似采用恒定流的有关公式。

Saint-Venant 方程组描述的不恒定水流运动是一种浅水中的长波传播现象,通常称为动力波。因为水流运动的主要作用力是重力,属于重力波的范畴。如忽略运动方程中的惯性项和压力项,只考虑河床摩阻和底坡的影响,简化后方程组所描述的运动称为运动波。如只忽略惯性项的影响,所得到的波称为扩散波。运动波、扩散波及其他简化形式可以较好地近似某些情况的流动,同时简化计算后的方程便于实际应用。Mike11 HD 方程组属于二元

一阶双曲型拟线性方程组,通常用有限差分法求数值解,求解 Saint-Venant 方程组基于以下假设:

(1)流速沿整个过水断面或垂线均匀分布,可用其平均值代替。不考虑水流垂直方向的交换和垂直加速度,从而可假设水压力呈静水压力分布,即与水深成正比。

(2)河床比降小,其倾角的正切与正弦值近似相等。

(3)Mike11 HD 计算水流为渐变流动,水面曲线近似水平。而超临界水流的模拟计算需要严格的限定条件。在计算不恒定的摩阻损失时,常假设可近似采用恒定流的有关公式。

Saint-Venant 方程组描述的不恒定水流运动是一种浅水中的长波传播现象,通常称为动力波。因为水流运动的主要作用力是重力,属于重力波的范畴。如忽略运动方程中的惯性项和压力项,只考虑河床摩阻和底坡的影响,简化后方程组所描述的运动称为运动波。如只忽略惯性项的影响,所得到的波称为扩散波。运动波、扩散波及其他简化形式可以较好地近似某些情况的流动,同时简化计算后的方程便于实际应用。

2.Mike11 HD 模块方程组的离散

Mike11 HD 是一个一维一层(垂向均质)的水力学模型,它利用 Abbott 六点中心隐式差分格式求解,采用广泛使用的"追赶法",即"双扫"算法求解。该离散格式无条件稳定,可以在相当大的 Courant 数下保持计算稳定,在一维潮流计算和河网计算中是一种有效的方法,因此可取较大的时间步长。方程在每一个节点计算时是按"$Q—h—Q$"的顺序交替计算,分别称为水位 h 点和流量 Q 点。计算顺序如图 5-4 所示。

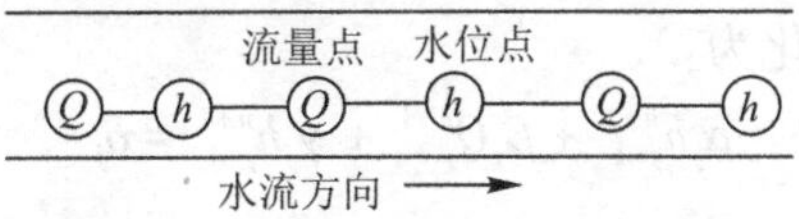

图 5-4 "水位—流量"交替示意图

引入蓄存宽度 B_s,连续方程写为:

$$\begin{cases} B_s \dfrac{\partial h}{\partial t} + \dfrac{\partial Q}{\partial x} = q \\ \dfrac{\partial Q}{\partial x} = \left(\dfrac{Q_{j+1}^{n+1} + Q_{j+1}^n}{2} - \dfrac{Q_{j-1}^{n+1} + Q_{j-1}^n}{2} \right) / \Delta 2x_j \\ \dfrac{\partial h}{\partial t} = (h_j^{n+1} - h_j^n)/\Delta t \\ B_s = (A_{0,j} - A_{0,j+1})/\Delta 2x_j \end{cases} \quad (5-11)$$

式中:$A_{0,j}$ 为网格点 $j-1$ 和 j 之间的水表面面积,m^2;$A_{0,j+1}$ 为网格点 j 之间的水表面面积,m^2;$\Delta 2x_j$ 为模型网格点 $j-1$ 和 j 两点间的距离,m。

则方程 $B_s \dfrac{\partial h}{\partial t} + \dfrac{\partial Q}{\partial x} = q$ 写为:

$$B_s \dfrac{h_j^{n+1} - h_j^n}{\Delta t} + \dfrac{\dfrac{Q_{j+1}^{n+1} + Q_{j+1}^n}{2} - \dfrac{Q_j^{n+1} + Q_j^n}{2}}{\Delta 2x_j} = q_j \quad (5-12)$$

式(5-12)整理后可以简化为:

$$\alpha_j Q_{j+1}^{n+1} + \beta_j h_j^{n+1} + \gamma_j Q_{j+1}^{n+1} = \delta_j \quad (5-13)$$

式 (5-13) 中, α,β,γ 为 B_s 和 δ 的函数, 并且依赖于 h_n、Q_n 和 $Q_{(n+1)/2}$。

同样动量方程各项在流量节点上的差分形式为:

$$\frac{\partial Q}{\partial t} = \frac{Q_j^{n+1} - Q_j^n}{\Delta t} \tag{5-14}$$

$$\frac{\partial \left(\frac{Q^2}{A}\right)}{\partial x} = \left[\left(\frac{Q^2}{A}\right)_{j+1}^{\frac{n+1}{2}} - \left(\frac{Q^2}{A}\right)_{j-1}^{\frac{n+1}{2}}\right] / (\Delta 2x_j) \tag{5-15}$$

$$\frac{\partial h}{\partial x} = \left(\frac{h_{j+1}^{n+1} - h_{j+1}^n}{2} - \frac{h_{j-1}^{n+1} - h_{j-1}^n}{2}\right) / (\Delta 2x_j) \tag{5-16}$$

动量方程的离散格式写为:

$$\frac{Q_j^{n+1} - Q_j^n}{\Delta t} + \frac{\left(\frac{Q^2}{A}\right)_{j+1}^{\frac{n+1}{2}} - \left(\frac{Q^2}{A}\right)_{j-1}^{\frac{n+1}{2}}}{\Delta 2x_j} + (gA)_j^{\frac{n+1}{2}} \frac{(h_{j+1}^{n+1} + h_{j+1}^n) - (h_{j-1}^{n+1} + h_{j-1}^n)}{2\Delta 2x_j} +$$

$$\left(\frac{g}{C^2 AR}\right)_j^{(n+1)/2} |Q|_j^n Q_j^{n+1} = 0 \tag{5-17}$$

当在某个时间步长 Δt 内, 某网格点的速度在 x 或 y 方向发生变化时, Q_2 的离散形式可以写成:

$$Q_2 \approx \theta Q_j^{n+1} Q_j^n - (\theta - 1) Q_j^n Q_j^n \qquad 0.5 \leqslant \theta \leqslant 1 \tag{5-18}$$

式 (5-18) 整理后可以简化为:

$$\alpha_j h_{j-1}^{n+1} + \beta_j Q_j^{n+1} + \gamma_j h_{j+1}^{n+1} = \delta_j \tag{5-19}$$

式中: $\alpha_j = f(A)$;

$\beta_j = f(Q_j^n, \Delta t, \Delta x, C, A, R)$;

$\gamma_j = f(A)$;

$\delta_j = f(A, \Delta x, \Delta t, \alpha, q, v, \theta, h_{j-1}^n, Q_{j-1}^n, h_{j+1}^n, Q_{j+1}^{(n+1)/2})$ 。

3. 方程组的求解

1) 河道方程

河道内任一点的水力参数 Z 可以表示为如下方程:

$$\alpha_j Z_{j-1}^{n+1} + \beta_j Z_j^{n+1} + \gamma_j Z_{j+1}^{n+1} = \delta_j \tag{5-20}$$

假设一河道有 n(n 为奇数) 个网格点, 则可以得到由 n 个线性方程组成的方程组。

$$\left.\begin{array}{l} \alpha_1 H_{us}^{n+1} + \beta_1 h_1^{n+1} + \gamma_1 h_2^{n+1} = \delta_1 \\ \alpha_1 H_1^{n+1} + \beta_1 h_2^{n+1} + \gamma_1 h_3^{n+1} = \delta_2 \\ \vdots \\ \alpha_{n-1} H_1^{n+1} + \beta_1 h_{n-1}^{n+1} + \gamma_{n-1} h_n^{n+1} = \delta_{n-1} \\ \alpha_n H_{n-1}^{n+1} + \beta_n h_n^{n+1} + \gamma_n h_{ds}^{n+1} = \delta_n \end{array}\right\} \tag{5-21}$$

式中: 第一个方程组的 H_{us} 表示上游汊点的河水位, 最后一个方程中的 H_{ds} 表示某一河道第一个网格点的水位等于与之相连河段上游汊点的水位值, 即 $h_1 = H_{us}$, 即 $\alpha_1 = -1, \beta_1 = 1, \gamma_1 = 0$, $\delta_1 = 0$。同样, $h_n = H_{ds}, \alpha_n = 0, \beta_1 = 1, \gamma_1 = -1, \delta_1 = 0$。对于单一河道, 只要给出河道上下游水位, 即 H_{ds} 和 H_{us} 为已知, 就可用消元法求解方程组。

对于河网问题,由方程组(5-21)通过消元法可以将河道内任意点的水位或流量 Q 等水力参数表示为上下游汊点水位的函数,如下所示:

$$Z_j^{n+1} = c_j - \alpha_j H_{us}^{n+1} - b_j H_{ds}^{n+1} \tag{5-22}$$

只要先求出河网各汊点的水位值、点的水位或流量就可用式(5-22)求任一河段、任一网格点的水位或流量。

2)河网汊点方程组

如图 5-5 所示,对于围绕汊点的河道控制体应用连续性方程得到:

$$\frac{H^{n+1} - H^n}{\Delta t} A_n = \frac{1}{2}(Q_{A,n-1}^n + Q_{B,n-1}^n - Q_{C,2}^n) + \frac{1}{2}(Q_{A,n-1}^{n+1} + Q_{B,n-1}^{n+1} - Q_{C,2}^{n+1}) \tag{5-23}$$

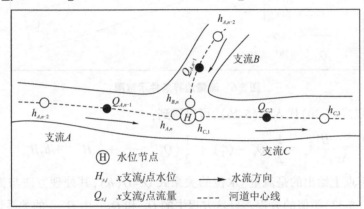

图 5-5　河网汊点计算示意图

以式(5-22)分别替代式(5-23)右边第二式的三项,可得到:

$$\frac{H^{n+1} - H^n}{\Delta t} A_n = \frac{1}{2}(Q_{A,n-1}^n + Q_{B,n-1}^n - Q_{C,2}^n) + \frac{1}{2}(c_{A,n-1} - a_{A,n-1}H_{A,us}^{n+1} - b_{A,n-1}H^{n+1}) +$$

$$c_{B,n-1} - a_{B,n-1}H_{B,us}^{n+1} - b_{B,n-1}H^{n+1} - c_{C,2} - a_{C,2}H^{n+1} + b_{C,2}H_{C,ds}^{n+1} \tag{5-24}$$

式中: H 为该汊点的水位; $H_{A,us}$ 、 $H_{B,us}$ 分别为支流 A 、 B 上游端汊点水位; $H_{C,ds}$ 为支流 C 下游端汊点水位。

式(5-24)中,将某个汊点的水位 h 表示为与之直接相连河道的汊点水位的线性函数,对于河网所有汊点,就可以得到 n 个类似的汊点方程。在河道上下游边界水力参数为已知的情况下,利用高斯消元法直接求解汊点方程组,则得到各个汊点的水位,进而回代入式(5-23)就可以求解河道在任意网格点的水位 h 或流量 Q 。原则上汊点可以任意编码,但对于大型复杂河网,这样得到的汊点方程组的系数矩阵将是一阶数很高的稀疏矩阵。大型稀疏矩阵的计算时间主要取决于矩阵主对角线非零元素的宽度,这样就可以通过对河网节点优化编码的方法降低汊点方程组系数矩阵的带宽,使之成为主对角线元素占优的矩阵,进而方便方程组求解,减少计算耗时,提高计算效率。

3)边界条件的求解

若在河道上下游边界节点上给出水位的时间变化过程, $h = h(t)$ 。此时,边界上的汊点方程为:

$$h_{j,1}^{n+1} = H_{us}^{n+1} , \text{或 } h_{j,1}^{n+1} = H_{ds}^{n+1} \tag{5-25}$$

若在河道边界节点上给出流量的时间变化过程: $Q = Q(t)$ 。

对如图 5-6 所示的控制体,应用方程组中的水流连续方程可得到:

$$\frac{H^{n+1} - H^n}{\Delta t} A_n = \frac{1}{2}(Q_b^n - Q_2^n) + \frac{1}{2}(Q_b^{n+1} - Q_2^{n+1}) \tag{5-26}$$

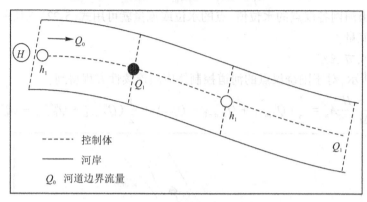

图 5-6　流量边界条件示意图

将式 Q_{2n+1} 以式(5-20)代入式(5-26),可以得到:

$$\frac{H^{n+1} - H^n}{\Delta t} A_n = \frac{1}{2}(Q_b^n - Q_2^n) + \frac{1}{2}(Q_b^{n+1} - c_2 + a_2 H^{n+1} + b_2 H_{ds}^{n+1}) \tag{5-27}$$

若在河道节点上给出的是流量-水位的关系式 $Q = Q(h)$,其处理方法与流量边界条件类型,得到与式(5-27)类似的方程。只是方程中的 Q_{Bn} 和 Q_{Bn+1} 由 $Q \sim h$ 的关系计算得出。

对于河道支流来说,支网内边界条件的计算比较复杂,计算主要包括模型方程支汊点的处理。河网的支汊点有三汊、四汊,甚至有五汊等多种连接方式,其处理方法是利用交汊点上水位 h 满足: $Z_1 = Z_2 = Z_3 = \cdots = Z_n$,即每个支汊上的水位保持相等,且流量通过支汊进出的总量保持平衡: $\sum_{l=1}^{n} Q_l = 0$,然后通过建立相应的方程数及同等未知数求解。

5.1.2.2　Mike11 HD 模型构建所需资料

(1)流域描述。包括流域河网形状(可以是 GIS 数字地图或流域纸图),各干流、主要支流直接作为河道进行水动力演算,部分小河、小溪可以概化到参与水动力演算的河道上,其区间的产流直接以点或沿程的方式流入主干河道;流域河道内各水工建筑物和水文测站的空间位置及其分布。

(2)河道和滩涂地形。河床断面间距会因研究目标的不同而有所差异,但原则上应能反映整体断面的变化;滩区地形资料(有滩区的水位-蓄水量关系曲线也行)可以通过设置虚拟河道或直接扩充主干河道断面库容的方式进行概化。

(3)模型边界处水文测量数据。边界一般应设在有实测水文数据的地方,如果没有,就必须进行估算边界条件,一般使用 NAM 模型模拟结果作为估算边界条件。

(4)实测水文数据。用于模型的率定和验证,率定验证的数据越多,模型就越可靠,但工作量也会越大。

(5)水工建筑物(堰、闸、涵洞、桥梁等)的基本设计各类参数及调度运行详细规则。

5.1.2.3　Mike11 HD 模型率定与验证

一维水动力模型的率定主要是对河床糙率系数的率定,使模拟的水位和流量与实测值尽量一致。一般是通过利用历史实测资料,不断手动或自动调整糙率系数,使得模型所涉及的水文测站点的模拟值与实测值尽量达到一致。Mike11 可以对河道中各个断面和每个断面沿横向方向和垂向方向位置定义不同的糙率值,这对模拟主槽和滩涂区有明显不同糙率系数的河流显得至关重要。

5.2　河网水文水动力耦合模型模拟研究

5.2.1　资料收集

建立水文水动力模型及率定验证需要的水文及地形资料如下:

(1)降雨:邢家、田庄、新城、索镇、马桥 5 个雨量站 2019—2021 年 3 年降雨资料。

(2)水位:周董站、孝妇河尾水闸站、前鲁站、新区防洪河道闸站、付桥站、东营站、红莲湖站、冯马站、博汇站、三岔站、东沙站、乌河东分洪站 12 个水位站 2019—2021 年 3 年实测水位资料。

(3)蒸发:蒸发数值由现场试验监测数据计算确定。

(4)桓台县影像图、河道扫描图。

(5)小清河、乌河、孝妇河、东猪龙河、西猪龙河、胜利河、杏花河、涝淄河、预备河等 28 条主要行洪河道纵横断面特征、具体断面设计、断面数据。

5.2.2　河网水文水动力耦合模型构建

由于河网部分上边界缺少水文站点,如孝妇河、东猪龙河、马家排沟、淄东铁路、新区防洪河道,因此无法设置此处边界条件。无资料地区常用的水文模型率定方法为参数移植法和当地经验法,选取上下游有水文站点的"涝淄河–乌河"段进行参数率定,采用参数移植法将参数率定结果应用到整个河湖水网耦合模型中。

5.2.2.1　Mike11 HD 文件

1.河网文件

HD 模型中的河网文件有两个作用:一是定义河道的名称、走向和连接关系,定义集水区域的汇流位置,布置计算点;二是概述当前模型的所有信息,包括在河网中显示断面相对位置等。

在河网文件建立时,首先将空间分辨率 1.19 m 的卫星遥感影像图作为底图,在 ArcGIS10.2 的支持下分别对电子水系图及洪水调度图进行地理配准。其中,水系图及洪水调度图精度均高于 300 dpi,确保能分辨最细小的河流。随后,将 ArcGIS10.2 生成的研究河段(.shp)格式文件导入到 Mike11 HD 自动生成河网文件(.nwk),并使用"connect branch"工具完成河网链接。模型中河网文件如图 5-7 所示。

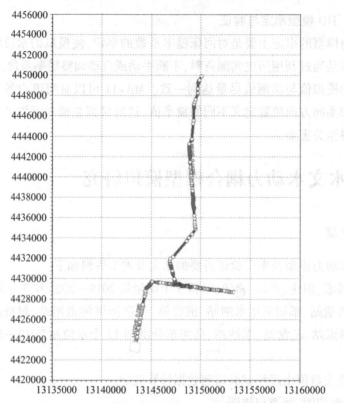

图 5-7　"涝淄河–乌河"段 Mike11 HD 河网文件

2. 断面文件

断面文件是对模型中涉及的所有断面信息进行编辑和设置,例如断面所在的河流名称、断面的位置、断面形状、断面地形标识信息(TOP ID),以及 ID 信息等。在输入断面时,将收集到的河道设计断面数据文件利用断面坐标转换工具转换成 Mike11 断面文件需要的格式,一次性导入到断面文件中。同时,要通过 Mark 中的数值 1,2,3 对断面的左堤点、最低点和右堤点进行设置。完成断面的输入后,在右侧的图像视窗区检查输入的断面是否合理。断面设置情况如图 5-8 所示。

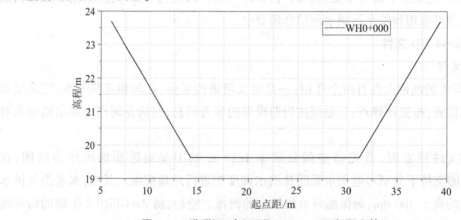

图 5-8　"涝淄河–乌河"段 Mike11 HD 断面文件

3.边界文件

根据建模范围,以涝淄河前鲁站实测水位数据、乌河东沙站实测水位数据作为上边界控制条件,乌河东分洪站实测水位数据作为下边界控制条件。

4.参数文件

参数文件中包含模拟的初始条件和河床糙率。初始条件设定的一个重要目的是让模型平稳启动,所以原则上初始水位和流量的设定尽可能与模拟开始时刻的实际河网水动力条件一致。按初始水深为 0.8 m 设置,糙率按河道初步设计资料进行设置。

5.2.2.2　Mike11 RR 文件

1.流域信息属性页

流域信息属性页主要是对研究区所涉及流域的信息特征进行定义以及展示,分为流域定义和流域列表两个区域。在流域定义区,点击添加流域按钮,然后输入给定流域的名称及面积等信息,并选择 NAM 模块。本次率定研究区内共有两条河流,分别为乌河、涝淄河。为研究方便,本书将研究区划分为 2 个流域,以流域内河流的名称命名,建立流域信息属性。

2.NAM 模型属性页

NAM 模型属性页是对模型涉及的所有参数进行设置的页面,主要包括地表-根区参数页、地下水参数页、融雪参数页、灌溉参数页、初始条件参数页以及自动率定参数页。其中,融雪和灌溉参数页为可选项,由于模拟过程中没有考虑,因此不需要设置,其余 4 项必须设置。参照研究区自然概况及相关文献,NAM 模型主要参数设置参数初始值见表 5-2。

表 5-2　NAM 模型主要参数及取值范围

参数页	参数	物理意义	一般取值范围	初始值
地表-根区储水层参数页	U_{max}/mm	地表储水层最大含水量	10~25	10
	L_{max}/mm	土壤层/根区最大含水量	50~250	100
	CQOF	坡面流系数	0~1	0.5
	CKIF/h	壤中流排水常数	500~1 000	1 000
	TOF	坡面流临界值	0~1	0.4
	TIF	壤中流临界值	0~1	0
	$CK_{1,2}$/h	坡面流壤中流时间常量	3~48	10
地下水储水层参数页	TG	地下水补给临界值	0~1	0
	CKBF/h	基流时间常量	500~5 000	2 000

NAM 模型中所需时间序列文件包括降雨、蒸发等水文数据。其中,降雨资料为雨量站实测数据,蒸发资料为室外试验实测数据。

3.时间序列文件页

NAM 模型中所需时间序列文件包括降雨、蒸发等水文数据。所导入的时间序列文件格式 TS Type 要满足一定要求,降雨和蒸发的时间序列数据为累计值(Step Accumulated)。模型所需降雨资料为雨量站实测数据,蒸发资料为试验实测数据。

5.2.2.3　HD-NAM 模型耦合

Mike11 可以实现降雨径流(NAM)模型和水动力模型(HD)的耦合[86-88]。流域的产汇流可以以线源和面源两种方式汇入到河网中,可以通过设置所连接河道得上下游里程数来控制。本书涉及的两个子流域均以线源的形式汇入河网,耦合模拟页如图 5-9 所示。

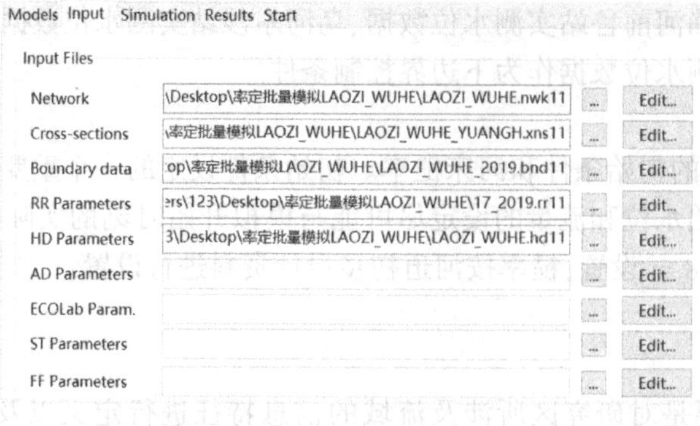

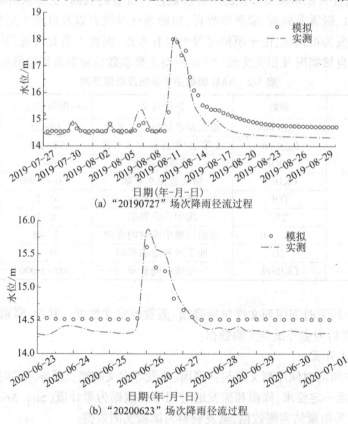

图 5-9　"涝淄河–乌河"段 Mike11 HD–NAM 耦合模拟

5.2.3　耦合模型参数率定与验证

对研究区域 2019—2021 年实测降雨资料及水位过程资料进行分析,选取"20190727""20200623""20210728"三场次降雨径流过程进行参数率定,并以"20210809""20210818"两场次降雨径流过程进行模型验证。率定期及验证期模拟结果如图 5-10、图 5-11 所示。

(a)"20190727"场次降雨径流过程

(b)"20200623"场次降雨径流过程

图 5-10　率定期三岔站水位模拟过程

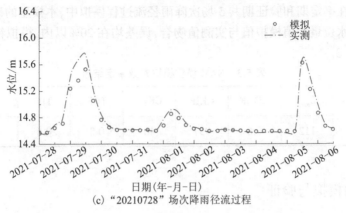

(c) "20210728"场次降雨径流过程

续图 5-10

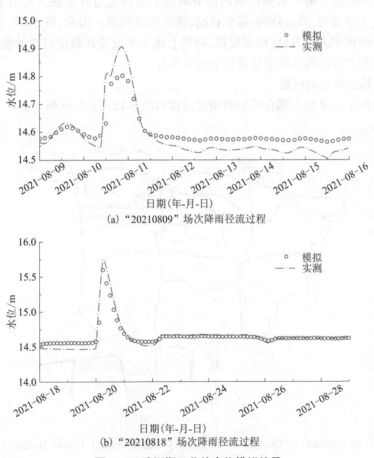

(a) "20210809"场次降雨径流过程

(b) "20210818"场次降雨径流过程

图 5-11 验证期三岔站水位模拟结果

率定期,将三场次降雨径流过程模拟结果与实测数据进行对比分析,结果表明,确定性系数 R^2 分别为 0.840、0.947 和 0.974;总水量相对误差分别为 1.30%、0.70% 和 -0.33%;水位最大值相对误差分别为 -2.94%、-2.16% 和 -1.52%。验证期,两场次降雨径流过程模拟结果与实测数据对比分析,结果表明,确定性系数 R^2 分别为 0.959、0.964;总水量相对误差分别为 0.12%、-0.05%;水位最大值相对误差分别为 -0.68%、-0.96%。

综上所述,在率定期和验证期共 5 场次降雨径流过程模拟中,本模型的确定性系数均大于 0.8,总水量、水位最大值模拟值与实测值吻合,误差均在 20% 以内,模拟精度良好。参数率定结果见表 5-3。

表 5-3　NAM 模型模拟参数率定结果

参数	U_{max}	L_{max}	CQOF	CKIF	$CK_{1,2}$	TOF	TIF	TG	CKBF
取值	12	112	0.6	957	40	0.8	0.6	0.7	2 200

5.2.4　河网的模拟与验证

为进一步验证参数率定结果在整个河网内的合理性,将率定好的参数移植到整个河网进行河网模拟的验证。由于研究区域内部分河流上游即上边界处缺少实测水位或流域数据,如孝妇河、东猪龙河、马家排沟、淄东铁路、新区防洪河道。因此,将 5.2.3 节率定好的参数移植到整个河网中进行 NAM 模型模拟,得到上述 5 个位置在验证时段的流量过程,并将模拟得到的数据作为河网在相应位置的上边界条件。

5.2.4.1　河网耦合模型的构建

桓台县河网水文水动力耦合模型的构建过程如图 5-12 ~ 图 5-16 所示。

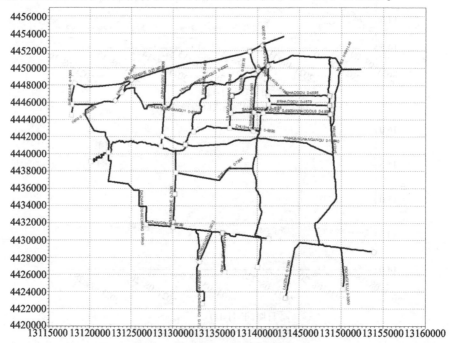

图 5-12　桓台县 Mike11 HD 河网文件

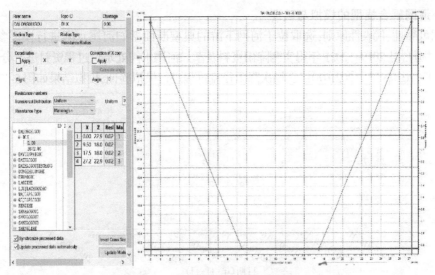

图 5-13　桓台县 Mike11 HD 断面文件

	Boundary Description	Boundary Type	Branch Name	Chainage	Chainage	Gate ID	Boundary ID
1	Open	Water Level	WUHE	0	0		WH
2	Open	Inflow	DONGZHULONGHE	0	0		DZL
3	Open	Inflow	XIAOFUHE	0	0		XF

☐ Include AD boundaries

	Data Type	TS Type	File / Value	TS Info
1	Water Lev	TS File	输入边界条件Bounary_water level ... Edit	东沙站...

图 5-14　桓台县 Mike11 HD 边界文件

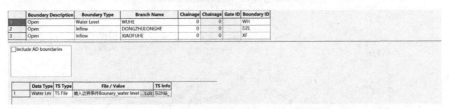

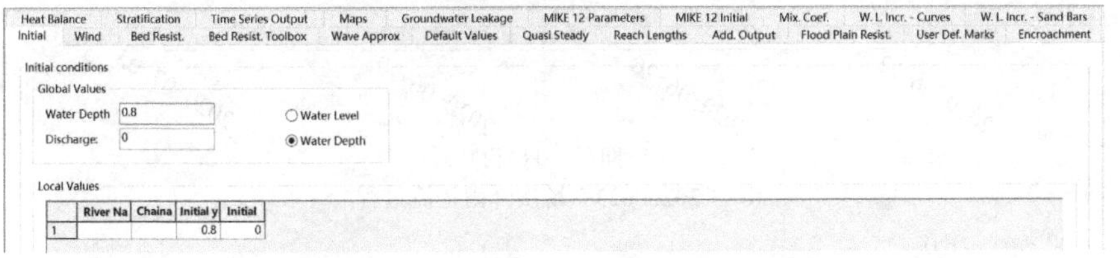

图 5-15　桓台县 Mike11 HD 参数文件

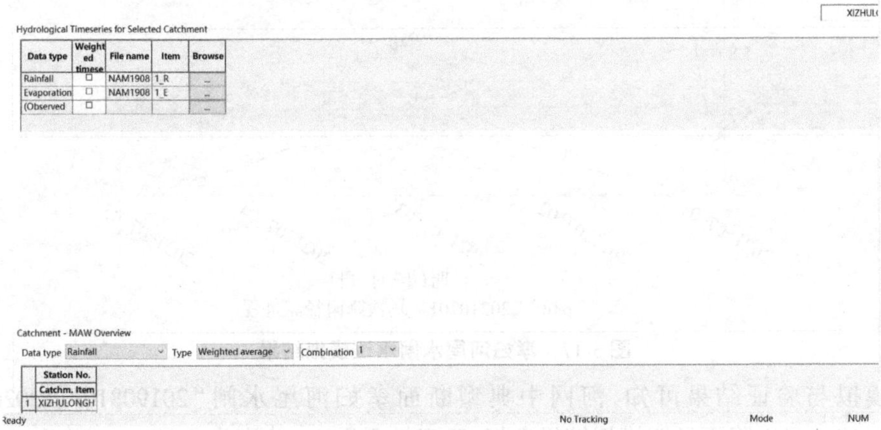

Hydrological Timeseries for Selected Catchment　　　　　　　　　　　　　　　　　　　　　　　XIZHULO

Data type	Weighted timese	File name	Item	Browse
Rainfall	☐	NAM1908	1_R	...
Evaporation	☐	NAM1908	1_E	...
(Observed	☐			...

Catchment - MAW Overview

Data type [Rainfall ∨]　Type [Weighted average ∨]　Combination [1 ∨]

	Station No. Catchm. Item
1	XIZHULONGH

Ready　　　　　　　　　　　　　　　　　　　　No Tracking　　　　　　　　Mode　　　　　NUM

图 5-16　桓台县 Mike11 NAM 文件

5.2.4.2　河网耦合模型的模拟与验证

依据可靠性、代表性原则,选取位于河网下游的典型断面孝妇河尾水闸进行模型参数的验证,通过对桓台县2019—2021年得实测降雨资料及孝妇河尾水闸处水位过程资料进行分析,选取"20190810""20200623""20210701"三场次降雨径流过程进行模拟验证,模拟结果如图5-17所示。

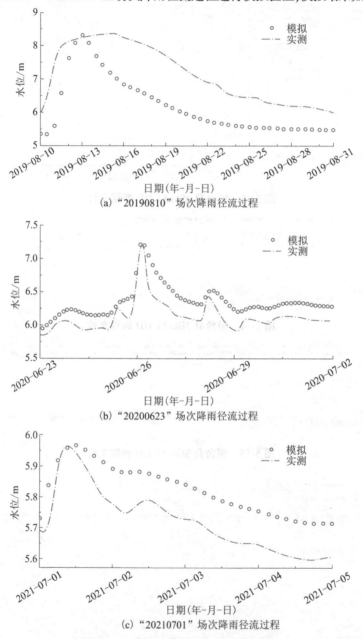

(a)"20190810"场次降雨径流过程

(b)"20200623"场次降雨径流过程

(c)"20210701"场次降雨径流过程

图5-17　孝妇河尾水闸水位模拟结果

由模拟与验证结果可知,河网中典型断面孝妇河尾水闸"20190810""20200623""20210701"三场次降雨径流模拟结果良好,确定性系数 R^2 分别为0.851、0.878和0.887;总水量相对误差分别为−15.33%、3.54%和1.71%;水位最大值相对误差分别为−0.82%、0.83%

和−0.15%。因此,模型验证结果表明,建立的水文水动力学模型模拟精度良好,确定性系数均大于 0.8,总水量、水位最大值模拟值与实测值吻合,误差均在 20%以内,根据《水文情报预报规范》(GB/T 22482—2008)可知,模拟精度达到良好水平,表明采用河段耦合模型率定的参数可以应用到河网调度方案的模拟预测中。

5.3　河网调度方案模拟与优选研究

5.3.1　降水量变化特征

5.3.1.1　年内降水变化分析

由于桓台县降水变化受暖温带大陆性季风型气候的影响,年内降水多集中于夏季(6—9 月),且降水尤以 7 月、8 月两个月最为集中,占全年降水量的 48.6%。其他时期降水少,多出现季节性干旱。

采用降水集度法[89]对 1979—2018 年桓台县降水量进行分析,如图 5-18 所示。在近 40 年中桓台县 PCI 平均为 20.6,其中 1979 年最小为 11.5,2013 年最大为 37.2;PCI 40 年内全部大于 10,且有 17 年大于 20,由此说明桓台县降水年内月际变化显著,降水量各月分配差异大且 40 年中未有一年分配均衡。

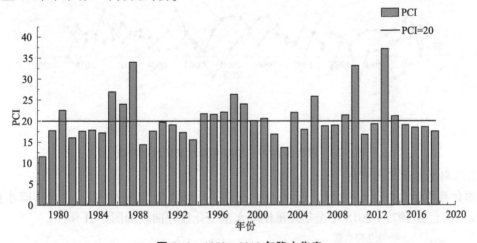

图 5-18　1979—2018 年降水集度

5.3.1.2　年际降水量变化分析

采用 M-K 法对 1979—2018 年桓台县降水集度进行趋势检验,结果检验值为 0.85,说明降水集度呈现不显著上升趋势,降水年内分配将继续不均衡,且分配差异将更加显著。

1.降水量年际变化分析

桓台县 1979—2018 年降水量变化过程曲线如图 5-19 所示。经计算得出,桓台县多年平均降水量为 515 mm,其线性倾向率为 2.23 mm/a。在 40 年中桓台县最小年降水量为 246.0 mm,出现在 1989 年;最大年降水量为 883.6 mm,出现在 2018 年。采用 M-K 法对 1979—2018 年桓台县降水量进行趋势检验,结果检验值为 0.69,未通过 90%的 M-K 显著性检验,说明年降水量呈现不显著上升趋势,没有明显变化。

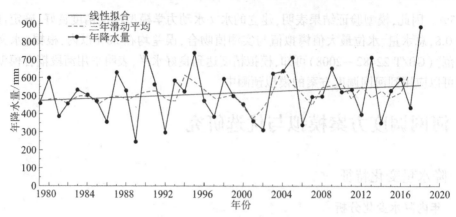

图 5-19　桓台县 1979—2018 年降水量变化过程曲线

桓台县 1979—2018 年降水突变诊断曲线,如图 5-20 所示。其中 UF、UB 分别为 M-K 统计值正向序列和逆向序列。给定显著性水平 $\alpha = 0.05$,则置信区间临界线为 ±1.96。由图 5-20 中 1979—2018 年 UF 曲线可见,桓台县降水量在近 40 年内处于上升趋势,虽在多年中 UF、UB 曲线相交但都未通过临界线,所以年际降水量并未发生明显突变。

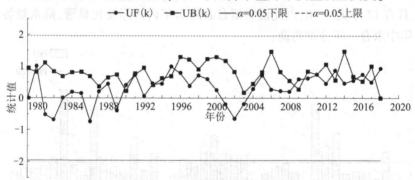

图 5-20　桓台县 1979—2018 年降水突变诊断曲线

2. 汛期降水量变化分析

桓台县汛期为每年 6—9 月。近 40 年内汛期平均降水量为 367.4 mm,占全年降水量的 71.3%。桓台县 1979—2018 年全年及汛期降水量变化过程曲线如图 5-21 所示。

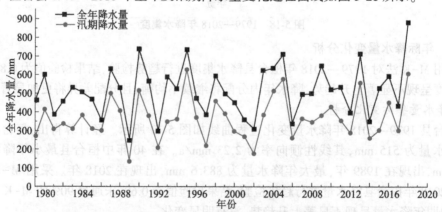

图 5-21　桓台县 1979—2018 年全年及汛期降水量变化过程曲线

采用 M-K 法对 1979—2018 年桓台县汛期降水量进行趋势检验,结果检验值为 0.78,未通过 90%的 M-K 显著性检验,说明汛期降水量呈现不显著上升趋势,没有明显变化。桓台县 1979—2018 年汛期降水突变诊断曲线,如图 5-22 所示,桓台县汛期降水量在近 40 年内处于上升趋势,虽在多年中 UF、UB 曲线相交但都未通过临界线,所以汛期降水量并未发生明显突变。以上结论与年降水量变化分析结论相同,所以对于桓台县而言,年降水量与汛期降水量有着相同的变化趋势,且都未出现突变。

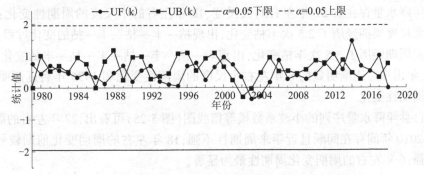

图 5-22　桓台县 1979—2018 年汛期降水突变诊断曲线

在 40 年中桓台县最小汛期降水量为 136.7 mm,出现在 1989 年,与年降水量最小年份相同。最大汛期降水量为 626.6 mm,出现在 1995 年;其次是 607.1 mm,出现在 2018 年,与年降水量最大年份相同。由桓台县年降水量与汛期降水量的线性拟合可知,桓台县汛期降水量与全年降水量具有良好的线性相关关系,相关系数为 0.85。可见桓台县年降水量与汛期降水量有着较大的一致性,汛期降水量的大小决定了全年降水量的大小,全年降水量的增减主要体现在汛期降水量的增减上。年降水量与汛期降水量的线性拟合如图 5-23 所示。

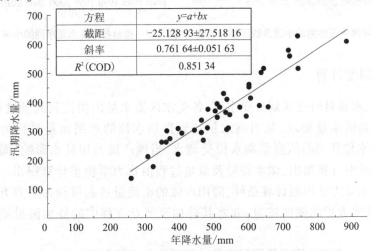

方程	$y=a+bx$
截距	−25.128 93±27.518 16
斜率	0.761 64±0.051 63
R^2(COD)	0.851 34

图 5-23　桓台县年降水量与汛期降水量的线性拟合

而对于降水量最集中的 7、8 月,两月的平均降水量为 250.4 mm,占全年降水量的 48.6%。采用 M-K 法对两月降水量进行趋势检验,结果检验值为 1.83,通过 95%的 M-K 显著性检验,说明 7、8 月降水量呈现显著上升趋势。可见,虽然桓台县年降水量以及汛期降水量上升趋势并不明显,但是最易发生涝灾的 7、8 月降水量却有显著上升趋势。

5.3.1.3　降水量周期特征分析

为确定桓台县降水序列的主周期,揭示不同时间尺度丰枯变化情况,采用 Morlet 小波[90]对桓台县年降水量进行周期分析,为消除小波变换产生的边界效应,以对资料采用对称延伸法进行预处理。

由桓台县年降水量序列的小波系数实部等值线图(图 5-24)可看出,在 1979—2018 年内桓台县年降水量存在着 27 年左右的大尺度、18 年左右的中尺度的周期性变化;其中 27 年左右的大尺度周期经历了 2.5 次丰枯变化,出现枯—丰—枯—丰—枯的变化过程;18 年左右的中尺度周期经历了 3.5 次丰枯变化,出现丰—枯—丰—枯—丰—枯—丰的变化过程;并且在 1985 年出现后逐渐明显的 6 年左右小尺度的周期性变化和 1995 年后逐渐明显的 12 年左右的周期性变化。

由桓台县年降水量序列的小波系数模等值线图(图 5-25)可看出,27 年左右的周期变化在 1995—2010 年间存在间断且近年来周期性不强,18 年左右的周期变化前期较弱但近年来逐渐增强,6 年左右的周期变化周期性最为显著。

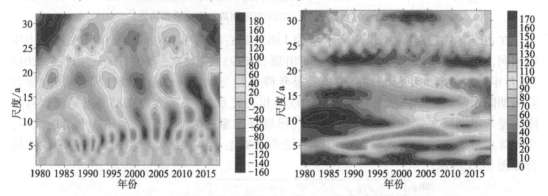

图 5-24　桓台县年降水量序列的小波系数实部等值线　　图 5-25　桓台县年降水量序列的小波系数模等值线

5.3.2　水量调度计算

按控制闸、水系对研究区划分受水区,各受水区需水量由闸控制流量过程,通过控制河道水位来满足需水量要求,从当前水位达到预期水位的水闸流量过程为供水调度过程[91-96]。河道水位从当前值到预期水位受调水、当地产流及用耗水影响,而当地产流可通过降雨产流模型计算得出,调水总量及流量过程由水力学模型计算得出。降雨产流及耗水量均作为水动力学模型计算条件,降雨产流的汇流量过程可作为节点方程中的外加流量,或作为基本方程的侧向流量,并将其叠加至节点方程中的外加流量或基本方程的侧向流量。

利用水动力学模型计算水量调配流量过程可分为以下几部分:

(1)由预期未来时段降雨量,计算出各区产流量以及对各河段的汇流量,该汇流量作为节点方程中的外加流量,或作为断面的侧向流量。

(2)水闸开启度确定。水闸开启度可通过调度规则确定,水闸调度规则分为汛期、汛末和非汛期调度等。

(3)利用河网水动力学模型计算,得出各断面节点水位流量。利用计算得出的各断面或节点水位,进而确定该水闸调度规则下的河网所需引水量。

5.3.3　河网调度方案的确定

作为河道上重要控制性闸站,联合调度运用方案直接关系到各河段的生态安全、防洪安全、拦蓄水过程以及拦蓄水量。本书依照河流水资源结构分解的基本思路,从闸门实际运行的可行性出发(尽量减少闸门启闭频率),将闸门控制运用水位按照河流水资源结构分解理论中的 3 个特征水位来划定,通过对闸门的开启度控制运用,从而控制河段下泄流量,充分拦蓄上游下泄水量,为涵养地下水及周边地区的社会经济发展提供更多的水资源。

根据各闸坝所在位置、闸底高程、闸孔尺寸及最高蓄水位等因素的差异,考虑不同典型年的暴雨量大小,以最大限度地涵养地下水,保障河流的生态、利用、防洪安全为目标,利用闸坝的存蓄水及泄洪功能,结合可控建筑物模块提供的闸坝调度模式,现拟定防洪调度、资源调度、生态调度 3 种不同的调度模式,其中,汛期主要进行资源调度与防洪调度,生态调度主要在非汛期进行。

桓台县主要客水资源包括黄河水和长江水,其中引黄指标为 9 220 万 m^3/a,引江指标为 2 100 万 m^3/a。河网在非汛期调度时主要从引黄渠道进行黄河水的调度,使得河网保持在较高水位,能够更好地涵养地下水。

5.3.3.1　河网调度目标

河网调度的总体目标为在满足生态、安全、防洪要求的基础上进行地下水漏斗区渗漏补给治理。汛期调度目标为在满足防洪要求的基础上尽可能地渗漏补给恢复地下水位,因此主汛期调度方案确定时保持河网内闸坝全开;汛末调度目标为在满足安全及防洪要求的基础上使河网拦蓄更多的水量,进行汛末调度方案时从研究区地下水漏斗区分布情况及降雨对地下水位影响效果明显两个因素考虑,设置两种闸坝标准控制方案;非汛期河网调度目标为保障生态环境和涵养地下水,主要进行生态调度和资源调度,通过引黄渠道进行引水使得河网水量保持在生态保护水量、安全水量和风险水量。

为了防止地下水污染,保障地下水水质不被破坏,通过河网调度采取河网渗漏补给地下水的方式对地下水进行补给,必须保证河网的水质是达标的,同时满足地下水功能区的水质要求。

5.3.3.2　汛期调度方案

1.主汛期调度方案

主汛期调度方案按照丰水年(25%)、平水年(50%)和枯水年(75%)3 个典型年考虑,保持闸坝全开,并应用 5.2.3 节中由模型率定结果确定的模型参数,分别模拟 3 个水平年主汛期在闸坝全开模式下,各主要行洪河道水位和流量的变化过程以及河道水面线情况。

2.汛末调度方案

调度方案按照丰水年、平水年和枯水年 3 个典型年考虑,采用水位控制闸坝进行调度,并应用率定好的模型分别模拟 3 个水平年汛末在不同闸坝调度模式下,各主要行洪河道水位和流量的变化过程以及河道水面线情况。水闸开度规则根据地下水保护最有利的原则进行设置,主要有以下 2 种:

（1）水闸设置标准 1。

水闸控制准则：北一排水涵闸、崔姚排沟分洪闸、王庄节制闸、诸顺沟分洪闸、于铺节制闸的闸前水位均以风险水位为控制标准；大元排沟分洪闸、东猪龙河闸、马家排沟 1# 节制闸、赵家节制闸、新城节制闸、乌河三号沟分洪闸、乌河二号沟分洪闸、乌河一号沟分洪闸的闸前水位均以安全水位为控制标准。

泵站控制准则：当杏花河、大元排沟、东猪龙河的下游遇小清河河水顶托时，杏花河泵站、大元排沟泵站、东猪龙河泵站全开，否则关闭。

（2）水闸设置标准 2。

水闸控制：马家排沟 1# 节制闸、赵家节制闸、新城节制闸全开；北一排水涵闸、崔姚排沟分洪闸、王庄节制闸、诸顺沟分洪闸、于铺节制闸的闸前水位均以风险水位为控制标准；大元排沟分洪闸、东猪龙河闸、乌河三号沟分洪闸、乌河二号沟分洪闸、乌河一号沟分洪闸的闸前水位均以安全水位为控制标准。

泵站控制：当杏花河、大元排沟、东猪龙河的下游遇小清河河水顶托时，杏花河泵站、大元排沟泵站、东猪龙河泵站全开，否则关闭。

标准方案有 2 种，其余方案在标准方案的基础上开度依次减小 0.2 m 进行水闸开度调整，并保证水闸开度在生态水深及以上，这样模拟的不同水平年调度方案有 32 种，具体见表 5-4～表 5-6。

表 5-4　拟定的丰水年河网调度方案

水平年	调度方案	方案说明	说明
丰水年	标准 1	北一排水涵闸、崔姚排沟分洪闸、王庄节制闸、诸顺沟分洪闸、于铺节制闸的闸前水位均以风险水位为控制标准；大元排沟分洪闸、东猪龙河闸、马家排沟 1# 节制闸、赵家节制闸、新城节制闸、乌河三号沟分洪闸、乌河二号沟分洪闸、乌河一号沟分洪闸的闸前水位以安全水位为控制标准	
	标准 1-0.2～标准 1-3.2	在标准 1 的基础上，水闸开度依次减小 0.2 m，并保证水闸开度不小于生态水深，共有 15 种方案	按照标准 1 进行相应方案闸门的开度设置
	标准 2	马家排沟 1# 节制闸、赵家节制闸、新城节制闸全开；北一排水涵闸、崔姚排沟分洪闸、王庄节制闸、诸顺沟分洪闸、于铺节制闸的闸前水位均以风险水位为控制标准；大元排沟分洪闸、东猪龙河闸、乌河三号沟分洪闸、乌河二号沟分洪闸、乌河一号沟分洪闸的闸前水位均以安全水位为控制标准	
	标准 2-0.2～标准 2-3.2	在标准 2 的基础上，水闸开度依次减小 0.2 m，并保证水闸开度不小于生态水深，共有 15 种方案	按照标准 2 进行相应方案闸门的开度设置

表 5-5　拟定的平水年河网调度方案

水平年	调度方案	方案说明	说明
平水年	标准 1	北一排水涵闸、崔姚排沟分洪闸、王庄节制闸、诸顺沟分洪闸、于铺节制闸的闸前水位均以风险水位为控制标准;大元排沟分洪闸、东猪龙河闸、马家排沟 1#节制闸、赵家节制闸、新城节制闸、乌河三号沟分洪闸、乌河二号沟分洪闸、乌河一号沟分洪闸的闸前水位均以安全水位为控制标准	
	标准 1-0.2~标准 1-3.2	在标准 1 的基础上,水闸开度依次减小 0.2 m,并保证水闸开度不小于生态水深,共有 15 种方案	按照标准 1 进行相应方案闸门的开度设置
	标准 2	马家排沟 1#节制闸、赵家节制闸、新城节制闸全开;北一排水涵闸、崔姚排沟分洪闸、王庄节制闸、诸顺沟分洪闸、于铺节制闸的闸前水位均以风险水位为控制标准;大元排沟分洪闸、东猪龙河闸、乌河三号沟分洪闸、乌河二号沟分洪闸、乌河一号沟分洪闸的闸前水位均以安全水位为控制标准	
	标准 2-0.2~标准 2-3.2	在标准 2 的基础上,水闸开度依次减小 0.2 m,并保证水闸开度不小于生态水深,共有 15 种方案	按照标准 2 进行相应方案闸门的开度设置

表 5-6　拟定的枯水年河网调度方案

水平年	调度方案	方案说明	说明
枯水年	标准 1	北一排水涵闸、崔姚排沟分洪闸、王庄节制闸、诸顺沟分洪闸、于铺节制闸的闸前水位均以风险水位为控制标准;大元排沟分洪闸、东猪龙河闸、马家排沟 1#节制闸、赵家节制闸、新城节制闸、乌河三号沟分洪闸、乌河二号沟分洪闸、乌河一号沟分洪闸的闸前水位均以安全水位为控制标准	
	标准 1-0.2~标准 1-3.2	在标准 1 的基础上,水闸开度依次减小 0.2 m,并保证水闸开度不小于生态水深,共有 15 种方案	按照标准 1 进行相应方案闸门的开度设置
	标准 2	马家排沟 1#节制闸、赵家节制闸、新城节制闸全开;北一排水涵闸、崔姚排沟分洪闸、王庄节制闸、诸顺沟分洪闸、于铺节制闸的闸前水位均以风险水位为控制标准;大元排沟分洪闸、东猪龙河闸、乌河三号沟分洪闸、乌河二号沟分洪闸、乌河一号沟分洪闸的闸前水位均以安全水位为控制标准	
	标准 2-0.2~标准 2-3.2	在标准 2 的基础上,水闸开度依次减小 0.2 m,并保证水闸开度不小于生态水深,共有 15 种方案	按照标准 2 进行相应方案闸门的开度设置

5.3.3.3　非汛期调度方案

桓台县多数河流属于季节性河流,在非汛期部分河段出现断流现象,丧失了河道基本的生态功能。为了保障生态环境及涵养地下水,通过调度使得河网内水量保持在生态保护水量、安全水量和风险水量。借助 Mike 模型进行多闸调控情景设置,在数值模拟中完成典型水闸的调试、调算工作,模拟计算分析在丰、平、枯不同水平内非汛期河湖水网需要调度的水量。

非汛期调度方案:河网内水闸分别保持在生态保护水位、安全水位和风险水位,设置上游入口边界为闭边界,并通过引黄渠道引水,以月为尺度进行调度,模拟计算得到不同水平年非汛期每月需要调度的水量及河湖水网增加的蓄水量。

5.3.4　河网调度方案模拟与优选

5.3.4.1　汛期河网调度方案模拟

1.主汛期河网调度模拟

主汛期主要考虑防洪,将水闸全开进行泄水,按照方案设置进行不同水平年的主汛期河网水位模拟,得到不同水平年汛期主要河道的模拟水面线,如图 5-26~图 5-29 所示。

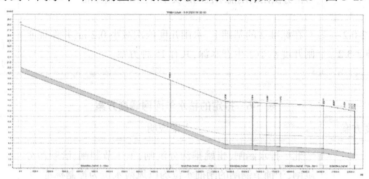

图 5-26　东猪龙河丰水年汛期水面线模拟结果

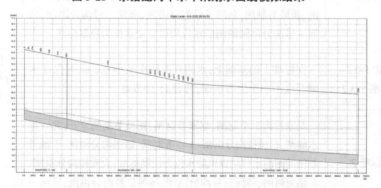

图 5-27　祁家排沟丰水年汛期水面线模拟结果

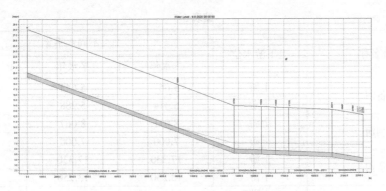

图 5-28 东猪龙河平水年汛期水面线模拟结果

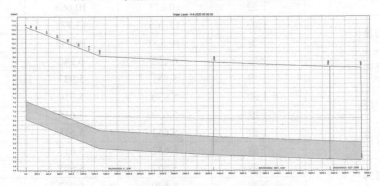

图 5-29 诸顺沟平水年汛期水面线模拟结果

汛期主要河道模拟水位计算结果见表 5-7。

表 5-7 不同水平年汛期河流水位计算结果 单位：m

河流名称	上下游水位	不同水平年		
		丰水年	平水年	枯水年
涝淄河	上游	22.258	22.255	22.251
	下游	14.738	14.727	14.714
北干渠	上游	5.657	5.642	5.622
	下游	5.854	5.830	5.810
南干渠	上游	7.774	7.760	7.754
	下游	6.462	6.427	6.389
孝妇河	上游	11.585	11.596	11.595
	下游	5.466	5.430	5.395
东猪龙河	上游	19.364	19.363	19.363
	下游	5.414	5.380	5.346
小清河	上游	5.544	5.512	5.477
	下游	5.000	5.000	5.000
乌河	上游	19.851	19.85	19.849
	下游	5.223	5.201	5.181
杏花河	上游	7.419	7.452	7.423
	下游	5.531	5.498	5.462

续表 5-7

河流名称	上下游水位	不同水平年		
		丰水年	平水年	枯水年
预备河	上游	5.667	5.644	5.623
	下游	5.314	5.288	5.262
胜利河	上游	8.071	8.067	8.064
	下游	7.000	7.000	7.000
大寨沟	上游	17.330	17.330	17.330
	下游	13.250	13.250	13.250
西猪龙河	上游	14.563	14.553	14.544
	下游	10.673	10.663	10.654
大寨沟接长	上游	13.765	13.771	13.771
	下游	10.530	10.495	10.490
三号沟	上游	6.252	6.248	6.244
	下游	5.981	5.933	5.882
十五号沟	上游	5.930	5.910	5.892
	下游	5.639	5.615	5.591
一号沟	上游	5.652	5.618	5.584
	下游	5.652	5.617	5.581
二号沟	上游	5.727	5.695	5.663
	下游	5.840	5.797	5.752
淄东铁路	上游	23.419	23.416	23.414
	下游	17.651	17.646	17.642
新区防洪河道	上游	21.975	21.973	21.971
	下游	15.897	15.881	15.865
马家排沟	上游	20.026	20.026	20.026
	下游	16.485	16.474	16.463
跃进河	上游	11.705	11.684	11.663
	下游	9.093	9.086	9.079
大龙须沟	上游	18.201	18.198	18.195
	下游	16.285	16.270	16.256
人字河	上游	10.530	10.495	10.490
	下游	7.408	7.443	7.413
祁家排沟	上游	8.763	8.743	8.734
	下游	5.497	5.462	5.426
诸顺沟+孝妇河东分洪	上游	7.530	7.521	7.515
	下游	5.883	5.858	5.833
刘家船道	上游	6.252	6.246	6.242
	下游	6.300	6.300	6.300
大元排沟	上游	5.463	5.428	5.393
	下游	5.424	5.389	5.355

2. 汛末河网调度模拟

分别对丰水年(25%)、平水年(50%)、枯水年(75%)3 个水平年进行调度模拟,根据调度原则和目标的确定,进行分析调试,根据设计的不同水闸调度情景方案,采用已经率定和验证的模型进行河网的水量模拟,对模拟结果进行分析得到较优的水闸调度方案。

利用水闸不同调度规则在软件中进行优化,建立多个水闸优化调度情景方案,通过一维河网多闸联合调度数学模型模拟计算,得到河网内 28 条主要行洪河道在不同水平年及不同调度方案下的河道水面线模拟结果。典型河道水面线模拟结果如图 5-30~图 5-37 所示。

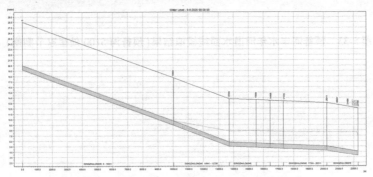

图 5-30　东猪龙河丰水年河道水面线模拟结果

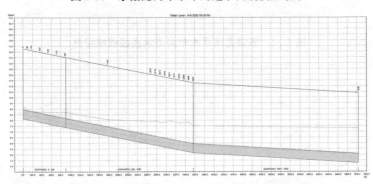

图 5-31　祁家排沟丰水年河道水面线模拟结果

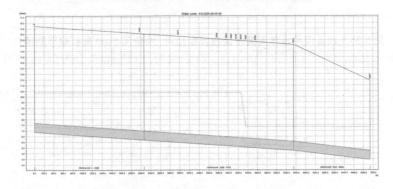

图 5-32　杏花河丰水年河道水面线模拟结果(杏花河 4350 处北一排水涵闸)

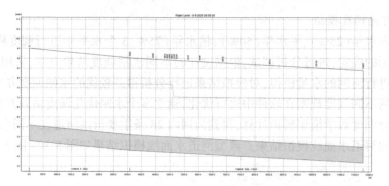

图 5-33　预备河丰水年河道水面线模拟结果(预备河 5100 处崔家节制闸)

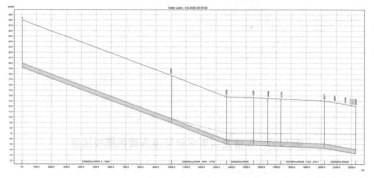

图 5-34　东猪龙河平水年河道水面线模拟结果

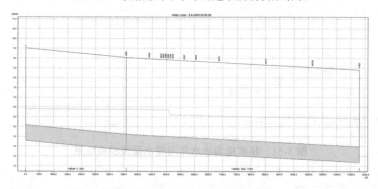

图 5-35　预备河平水年河道水面线模拟结果(预备河 5100 处崔家节制闸)

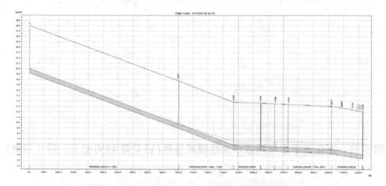

图 5-36　东猪龙河枯水年河道水面线模拟结果

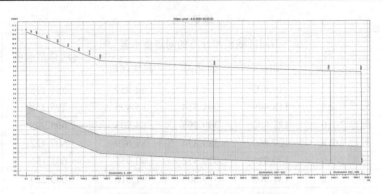

图 5-37　诸顺沟枯水年河道水面线模拟结果

　　模拟得到各主要行洪河道在不同水平年情景下的河道蓄水量,并参照河道调蓄能力指标,以河道可调蓄容量作为河道调蓄能力计算的代表性指标进行计算,得到各主要行洪河道在不同水平年情景下的调蓄能力计算结果,见表 5-8。

表 5-8　不同水平年调度方案下的河道蓄水量计算结果　　　　　　　单位:万 m³

水平年	调度方案	不同区域模拟计算的河道蓄水量			河网总蓄水量	河网可调蓄容量
		东南部	西北部	其他河流		
丰水年	标准 1	100.654	312.648	77.634	490.936	2 357.254
	标准 1-0.2	100.797	312.651	77.673	491.121	2 357.068
	标准 1-0.4	100.991	311.640	77.735	490.366	2 357.823
	标准 1-0.6	100.992	308.264	77.758	487.014	2 361.176
	标准 1-0.8	102.424	305.887	78.947	487.258	2 360.931
	标准 1-1.0	101.827	312.400	80.474	494.701	2 353.488
	标准 1-1.2	105.512	342.129	80.394	528.035	2 320.154
	标准 1-1.4	102.176	355.231	78.899	536.306	2 311.883
	标准 1-1.6	103.017	381.356	79.356	563.729	2 284.460
	标准 1-1.8	104.829	387.459	80.821	573.109	2 275.079
	标准 1-2.2	114.592	388.620	85.562	588.774	2 259.415
	标准 1-2.4	118.428	391.275	85.535	595.238	2 252.952
	标准 1-2.6	121.669	397.847	84.471	603.987	2 244.203
	标准 1-2.8	125.898	383.680	87.127	596.705	2 251.485
	标准 1-3.0	130.826	379.372	90.958	601.156	2 247.033
	标准 1-3.2	131.908	379.505	91.816	603.229	2 244.960
	标准 2	100.654	312.651	77.634	490.939	2 357.250
	标准 2-0.2	100.797	312.658	77.673	491.128	2 357.062
	标准 2-0.4	100.991	311.642	77.725	490.358	2 357.831
	标准 2-0.6	100.994	308.277	77.733	487.004	2 361.185
	标准 2-0.8	102.082	305.498	78.082	485.662	2 362.527
	标准 2-1.0	101.820	312.396	78.007	492.223	2 355.966
	标准 2-1.2	101.610	329.094	77.966	508.670	2 339.518
	标准 2-1.4	108.052	368.221	83.509	559.782	2 288.406
	标准 2-1.6	103.017	381.356	79.356	563.729	2 284.460
	标准 2-1.8	104.829	387.459	80.821	573.109	2 275.079

续表 5-8

水平年	调度方案	不同区域模拟计算的河道蓄水量			河网总蓄水量	河网可调蓄容量
		东南部	西北部	其他河流		
丰水年	标准 2-2.2	114.600	388.621	84.957	588.178	2 260.011
	标准 2-2.4	118.449	391.314	85.495	595.258	2 252.932
	标准 2-2.6	121.800	399.295	84.903	605.998	2 242.192
	标准 2-2.8	127.869	389.874	89.679	607.422	2 240.767
	标准 2-3.0	130.826	379.372	90.958	601.156	2 247.033
	标准 2-3.2	131.908	379.505	91.816	603.229	2 244.960
平水年	标准 1	97.857	306.521	75.017	479.395	2 368.795
	标准 1-0.2	97.995	306.527	75.053	479.575	2 368.614
	标准 1-0.4	98.211	305.084	75.134	478.429	2 369.761
	标准 1-0.6	98.208	301.684	75.186	475.078	2 373.111
	标准 1-0.8	98.510	299.225	76.041	473.776	2 374.413
	标准 1-1.0	98.802	304.843	77.644	481.289	2 366.901
	标准 1-1.2	98.804	329.935	68.746	497.485	2 350.704
	标准 1-1.4	101.060	356.116	69.637	526.813	2 321.377
	标准 1-1.6	105.295	382.395	72.157	559.847	2 288.342
	标准 1-1.8	112.751	388.238	76.855	577.844	2 270.346
	标准 1-2.2	125.212	395.208	84.332	604.752	2 243.437
	标准 1-2.4	126.610	395.208	82.939	604.757	2 243.432
	标准 1-2.6	127.360	395.208	80.446	603.014	2 245.175
	标准 1-2.8	125.496	395.208	78.877	599.581	2 248.609
	标准 1-3.0	126.428	395.208	79.551	601.187	2 247.002
	标准 1-3.2	127.249	395.208	80.044	602.501	2 245.688
	标准 2	97.858	306.521	75.018	479.397	2 368.793
	标准 2-0.2	97.995	306.527	75.053	479.575	2 368.614
	标准 2-0.4	98.210	305.083	75.124	478.417	2 369.773
	标准 2-0.6	98.215	301.707	75.165	475.087	2 373.103
	标准 2-0.8	98.219	298.859	75.215	472.293	2 375.896
	标准 2-1.0	98.799	304.839	75.306	478.944	2 369.245
	标准 2-1.2	98.806	329.916	68.028	496.750	2 351.439
	标准 2-1.4	101.065	356.132	68.92	526.117	2 322.072
	标准 2-1.6	105.295	382.395	72.157	559.847	2 288.342
	标准 2-1.8	112.751	388.238	76.855	577.844	2 270.346
	标准 2-2.2	125.209	394.525	83.713	603.447	2 244.744
	标准 2-2.4	126.587	394.525	82.942	604.054	2 244.136
	标准 2-2.6	127.250	394.525	80.683	602.458	2 245.732
	标准 2-2.8	127.011	394.525	80.712	602.247	2 245.942
	标准 2-3.0	126.428	394.525	79.551	600.504	2 247.686
	标准 2-3.2	127.249	394.525	80.044	601.818	2 246.372

续表 5-8

水平年	调度方案	不同区域模拟计算的河道蓄水量			河网总蓄水量	河网可调蓄容量
		东南部	西北部	其他河流		
枯水年	标准 1	95.008	299.701	72.967	467.676	2 380.513
	标准 1-0.2	95.138	299.708	72.997	467.843	2 380.346
	标准 1-0.4	95.351	298.812	73.068	467.231	2 380.958
	标准 1-0.6	95.350	295.434	73.120	463.904	2 384.285
	标准 1-0.8	95.625	292.726	73.949	462.300	2 385.889
	标准 1-1.0	95.820	297.324	75.440	468.584	2 379.606
	标准 1-1.2	95.955	289.520	66.988	452.463	2 395.727
	标准 1-1.4	98.025	314.274	67.734	480.033	2 368.156
	标准 1-1.6	102.132	348.315	70.093	520.540	2 327.649
	标准 1-1.8	109.767	355.103	74.836	539.706	2 308.484
	标准 1-2.2	122.901	354.195	82.760	559.856	2 288.334
	标准 1-2.4	124.626	352.507	81.532	558.665	2 289.525
	标准 1-2.6	125.655	355.730	79.167	560.552	2 287.637
	标准 1-2.8	123.231	350.090	77.001	550.322	2 297.866
	标准 1-3.0	124.551	349.873	77.939	552.363	2 295.827
	标准 1-3.2	125.284	349.557	78.381	553.222	2 294.967
	标准 2	95.008	299.701	72.967	467.676	2 380.513
	标准 2-0.2	95.139	299.708	72.997	467.844	2 380.345
	标准 2-0.4	95.350	298.812	73.059	467.221	2 380.969
	标准 2-0.6	95.351	295.428	73.098	463.877	2 384.313
	标准 2-0.8	95.355	292.419	73.151	460.925	2 387.264
	标准 2-1.0	95.820	297.322	73.211	466.353	2 381.836
	标准 2-1.2	95.956	289.520	66.270	451.746	2 396.444
	标准 2-1.4	98.026	314.274	67.016	479.316	2 368.873
	标准 2-1.6	102.132	348.315	70.093	520.540	2 327.649
	标准 2-1.8	109.767	355.103	74.836	539.706	2 308.484
	标准 2-2.2	122.916	354.194	82.115	559.225	2 288.964
	标准 2-2.4	124.604	352.567	81.536	558.707	2 289.483
	标准 2-2.6	125.553	356.329	79.367	561.249	2 286.94
	标准 2-2.8	125.304	353.522	79.203	558.029	2 290.16
	标准 2-3.0	124.551	349.873	77.939	552.363	2 295.827
	标准 2-3.2	125.284	349.557	78.381	553.222	2 294.967

　　由表 5-8 可知,东南部河道蓄水量较少,由于西北部河道较多,河道蓄水量也较多,其河道蓄水量约为东南部的 3 倍;丰水年汛末东南部河网最大蓄水量为 131.908 万 m^3,平水年汛末东南部河网最大蓄水量为 127.360 万 m^3,枯水年汛末东南部河网最大蓄水量为 125.655 万 m^3;丰水年汛末河网最大蓄水量为 607.422 万 m^3,平水年河网最大蓄水量为 604.757 万 m^3,枯水年河网最大蓄水量为 561.249 万 m^3。

5.3.4.2 非汛期河网调度方案模拟

1.非汛期各月设计降雨计算

结合桓台县降雨特性及研究的需要,将设计雨期定为 3 d,设计频率选用丰水年 (25%)、平水年(50%)、枯水年(75%)进行设计降雨计算。

根据桓台县 1990—2020 年非汛期逐日降雨量实测资料,采用 P-Ⅲ型曲线对桓台县 31 年非汛期各月最大 3 d 降雨量进行适线(见图 5-38),得到桓台县非汛期各月最大 3 d 降雨量频率曲线,并计算出不同水平年的设计雨量。设计降雨计算成果表如表 5-9 所示。

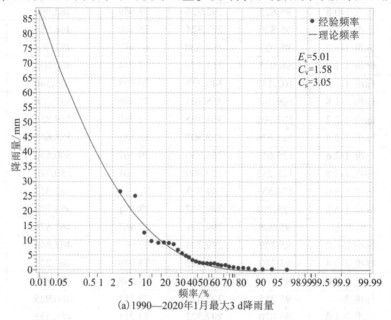

(a)1990—2020年1月最大3 d降雨量

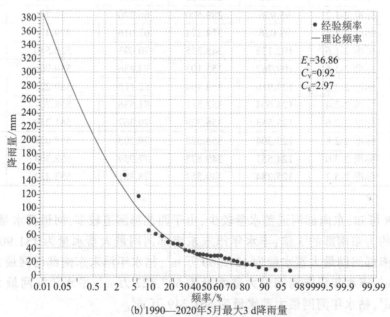

(b)1990—2020年5月最大3 d降雨量

图 5-38　桓台县非汛期各月降雨量频率曲线

表 5-9 桓台县非汛期各月最大 3 d 设计降雨计算成果

参数	设计雨量/mm							
	10 月	11 月	12 月	1 月	2 月	3 月	4 月	5 月
均值 E_x/mm	17.75	14.40	5.36	5.01	9.45	8.45	16.49	36.86
变差系数 C_v	1.05	1.14	1.16	1.58	1.40	1.25	0.81	0.92
偏态系数 C_s	2.39	1.89	1.98	3.05	2.87	2.49	1.88	2.97
丰水年 $P=25\%$	23.58	21.07	7.78	6.49	12.37	11.55	21.94	43.70
平水年 $P=50\%$	11.23	9.59	3.47	1.86	4.32	4.66	12.59	23.50
枯水年 $P=75\%$	5.05	2.60	0.92	0.19	1.11	1.35	6.88	15.88

　　根据《山东省水文图集》中山东省设计雨型表——平原地区(鲁北及小清河流域)中的设计雨型、雨量分布规律,进行最大 3 d 设计降雨过程分配,不同设计频率下非汛期各月最大 3 d 降雨过程计算结果详见图 5-39。

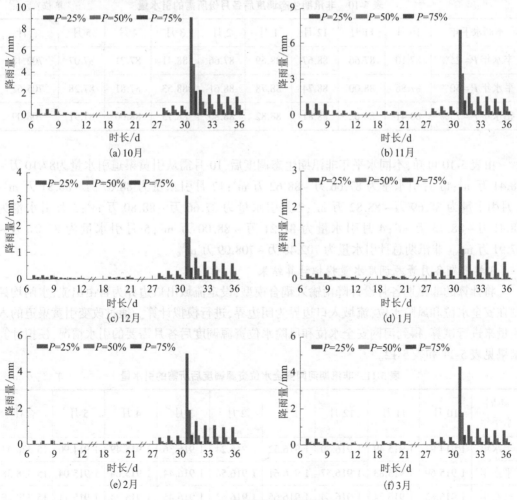

图 5-39 非汛期设计降雨过程

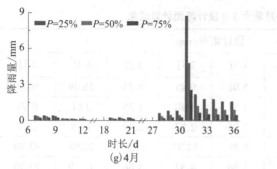
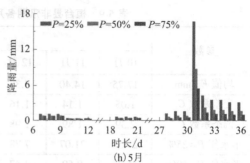

续图 5-39

2.非汛期各月生态调度水量模拟计算结果

将计算的非汛期各月设计降雨输入耦合模型,设定流域出口边界为自由出流,水闸均控制在生态保护水位,流域入口边界为闭边界,进行模拟计算。通过改变引黄渠道的入流量来进行试算,得到河湖水网非汛期生态调度后各月引水情况,模拟计算结果见表 5-10。

表 5-10　非汛期生态调度后各月份所需的引水量　　　　　　单位:万 m³

不同水平年	10 月	11 月	12 月	1 月	2 月	3 月	4 月	5 月	合计
丰水年 P=25%	87.10	87.66	88.67	88.69	87.66	88.41	87.21	87.07	702.48
平水年 P=50%	87.86	88.00	88.74	88.78	88.61	88.53	87.81	87.28	705.62
枯水年 P=75%	88.41	88.62	88.81	88.82	88.80	88.73	88.00	87.91	708.09

由表 5-10 可知,不同水平年非汛期生态调度后,10 月需从引黄渠道引水量为 87.10 万 ~ 88.41 万 m³;11 月引水量为 87.66 万 ~ 88.62 万 m³;12 月引水量为 88.67 万 ~ 88.81 万 m³; 1 月引水量为 88.69 万 ~ 88.82 万 m³;2 月引水量为 87.66 万 ~ 88.80 万 m³;3 月引水量为 88.41 万 ~ 88.73 万 m³;4 月引水量为 87.21 万 ~ 88.00 万 m³;5 月引水量为 87.07 万 ~ 87.91 万 m³。非汛期总计引水量为 702.48 万 ~ 708.09 万 m³。

3.非汛期各月资源调度水量模拟计算结果

将计算的非汛期各月设计降雨输入耦合模型,设定流域出口边界为自由出流,水闸均控制在安全水位和风险水位,流域入口边界为闭边界,进行模拟计算。通过改变引黄渠道的入流量来进行试算,得到河网安全水位和风险水位资源调度后各月需要的引水情况,模拟计算结果见表 5-11 和表 5-12。

表 5-11　非汛期河网安全水位资源调度后所需的引水量　　　　　　单位:万 m³

不同水平年	10 月	11 月	12 月	1 月	2 月	3 月	4 月	5 月	合计
丰水年	1 914.93	1 915.49	1 916.50	1 916.52	1 916.24	1 916.36	1 915.49	1 914.90	15 326.44
平水年	1 915.69	1 915.83	1 916.57	1 916.61	1 916.56	1 916.44	1 915.64	1 915.04	15 328.38
枯水年	1 915.83	1 916.24	1 916.64	1 916.65	1 916.63	1 916.45	1 915.74	1 915.11	15 329.29

表5-12 非汛期河网风险水位资源调度后所需的引水量

不同水平年	10月	11月	12月	1月	2月	3月	4月	5月	合计
丰水年	3 739.31	3 739.87	3 740.88	3 740.90	3 740.62	3 740.74	3 739.87	3 739.28	29 921.48
平水年	3 740.07	3 740.21	3 740.95	3 740.99	3 740.94	3 740.82	3 740.02	3 739.42	29 923.42
枯水年	3 740.21	3 740.62	3 741.02	3 741.03	3 741.01	3 740.83	3 740.12	3 739.49	29 924.33

由表5-11可知,不同水平年非汛期河网安全水位资源调度后,10月需从引黄渠道引水量为1 914.93万~1 915.83万 m^3;11月引水量为1 915.49万~1 916.24万 m^3;12月引水量为1 916.50万~1 916.64万 m^3;1月引水量为1 916.52万~1 916.65万 m^3;2月引水量为1 916.24万~1 916.63万 m^3;3月引水量为1 916.36万~1 916.45万 m^3;4月引水量为1 915.49万~1 915.74万 m^3;5月引水量为1 914.90万~1 915.11万 m^3。非汛期总计引水量为15 326.44万~15 329.29万 m^3。

由表5-12可知,不同水平年非汛期河网风险水位资源调度后,10月需从引黄渠道引水量为3 739.31万~3 740.21万 m^3;11月引水量为3 739.87万~3 740.62万 m^3;12月引水量为3 740.88万~3 741.02万 m^3;1月引水量为3 740.90万~3 741.03万 m^3;2月引水量为3 740.62万~3 741.01万 m^3;3月引水量为3 740.74万~3 740.83万 m^3;4月引水量为3 739.87万~3 740.12万 m^3;5月引水量为3 739.28万~3 739.49万 m^3。非汛期总计引水量为29 921.48万~29 924.33万 m^3。

4.非汛期河网调度结果的讨论

(1)非汛期通过调度使得河网保持在不同水位的引水量。通过模拟计算,非汛期不同水平年通过调度使得河网保持在生态保护水位、安全水位和风险水位时的引水量分别为"702.48万~708.09万 m^3,15 326.44万~15 329.29万 m^3和29 921.48万~29 924.33万 m^3;生态保护水位是从保证河流生态环境不被破坏和涵养地下水的角度确定的,故计算的引水量值最小。由于生态保护水位、安全水位和风险水位值依次增大,故通过调度使得河网保持在这些水位时需要的引水量依次增大,计算结果合理、可靠。

(2)桓台县每年的引黄指标为9 220.5万 m^3,非汛期通过河网调度水量计算,为了涵养地下水,调度使得河网保持在生态保护水位时的引水量约为710万 m^3,引黄指标可满足引水量要求;河网保持在安全水位和风险水位时的引水量分别约为15 300万 m^3和29 900万 m^3,均远远超过引黄指标,仅采取引黄水满足不了引水量的要求。因此,为了涵养地下水,非汛期在调度时需结合引黄指标和实际情况进行引水。

5.3.4.3 调度方案的优选

由桓台县地下水位空间变化特征可知,桓台县东南部地下水埋深较大,东南部河网蓄水量较多,有助于东南部地下水的涵养和漏斗区面积的缩小;整个河网内水量较多,对地下水整体涵养效果较好。河网可调蓄容量越少,表明河网内蓄水量越多,越有利于地下水的涵养保护。

不同调度方案下的河网蓄水量变化情况如图5-40所示。

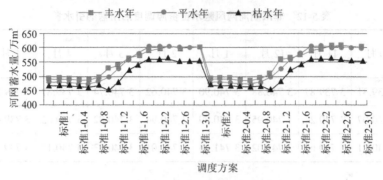

图 5-40　不同调度方案下的河网蓄水量变化情况

利用 MATLAB 编程,采用最小二乘法对河网可调蓄水量与闸门下调值进行曲线拟合,得到可调蓄水量在不同水平年及不同调度方案下的变化过程,如图 5-41~图 5-43 所示。

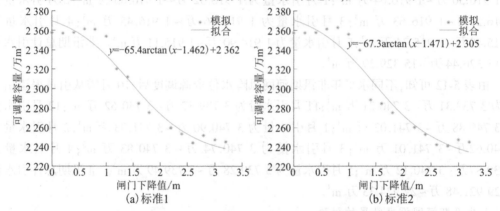

图 5-41　丰水年不同调度方案下的河网可调蓄容量变化

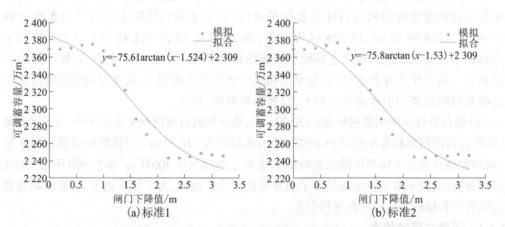

图 5-42　平水年不同调度方案下的河网可调蓄容量变化

由图 5-40 可知,不同标准方案下,随着水闸开度的减小,河网蓄水量呈现先增加后减少的趋势。丰水年调度方案"标准2-2.8"对应的河网蓄水量最多,平水年调度方案"标准1-2.4"对应的河网蓄水量最多,枯水年调度方案"标准2-2.6"对应的河网蓄水量最多。

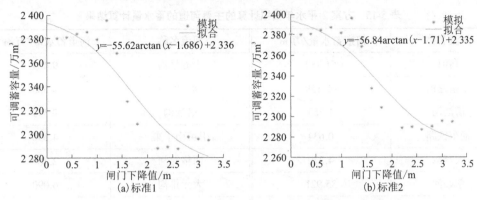

图 5-43　枯水年不同调度方案下的河网可调蓄容量变化

综上所述,从地下水保护的目标出发,考虑地下水整体涵养效果,优选出河网内蓄水量最多的方案,见表 5-13。

表 5-13　不同水平年汛末河网联合调度方案优选结果

水平年	优选的调度方案
丰水年	方案 1:在标准 2 的基础上,水闸开度减小2.8 m,且水闸开度不小于河流的生态水深
平水年	方案 2:在标准 1 的基础上,水闸开度减小2.4 m,且水闸开度不小于河流的生态水深
枯水年	方案 3:在标准 2 的基础上,水闸开度减小2.6 m,且水闸开度不小于河流的生态水深

3 种优选方案对应的主要河道模拟蓄水量计算结果见表 5-14~表 5-16。

表 5-14　方案 1 丰水年模拟计算的主要河道蓄水量计算结果

河流名称	河道蓄水量/万 m³	河流名称	河道蓄水量/万 m³
乌河	53.245	十五号沟	9.344
东猪龙河	67.594	刘家船道	4.491
涝淄河	1.853	诸顺沟	8.331
淄东铁路	0.648	引黄南干渠	4.269
大寨沟	4.529	西猪龙河	3.153
孝妇河	40.340	大元排沟	3.683
祁家排沟	9.080	新区防洪河道	2.995
杏花河	78.734	马家排沟	2.127
人字河	22.356	跃进河	1.261
小清河	192.128	大龙须沟	1.546
胜利河	26.587	大寨沟接长	3.319
预备河	27.379	三号沟	10.050
二号沟	3.012	引黄北干渠	20.649
一号沟	4.720		

表 5-15　方案 2 平水年模拟计算的主要河道的蓄水量计算结果

河流名称	河道蓄水量/万 m³	河流名称	河道蓄水量/万 m³
乌河	51.782	十五号沟	9.489
东猪龙河	68.159	刘家船道	4.555
涝淄河	1.765	诸顺沟	9.399
淄东铁路	0.634	引黄南干渠	4.350
大寨沟	4.270	西猪龙河	2.769
孝妇河	35.921	大元排沟	6.090
祁家排沟	7.440	新区防洪河道	2.874
杏花河	81.173	马家排沟	2.118
人字河	22.450	跃进河	1.080
小清河	183.137	大龙须沟	1.481
胜利河	25.771	大寨沟接长	3.312
预备河	27.813	三号沟	9.888
二号沟	3.045	引黄北干渠	26.226
一号沟	4.563		

表 5-16　方案 3 枯水年模拟计算的主要河道的蓄水量计算结果

河流名称	河道蓄水量/万 m³	河流名称	河道蓄水量/万 m³
乌河	50.845	十五号沟	9.458
东猪龙河	68.213	刘家船道	4.528
涝淄河	1.721	诸顺沟	8.484
淄东铁路	0.628	引黄南干渠	2.240
大寨沟	4.146	西猪龙河	2.630
孝妇河	39.392	大元排沟	6.131
祁家排沟	8.086	新区防洪河道	2.819
杏花河	80.475	马家排沟	2.122
人字河	22.147	跃进河	1.023
小清河	180.835	大龙须沟	1.454
胜利河	25.395	大寨沟接长	3.285
预备河	27.460	三号沟	9.889
二号沟	3.060	引黄北干渠	26.891
一号沟	4.674		

3 种优选方案对应的河网槽蓄水量及特征水量变化过程如图 5-44~图 5-46 所示。

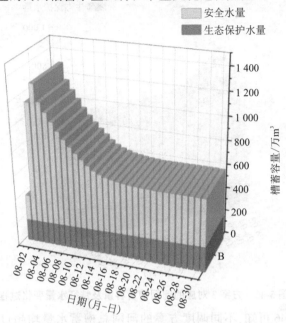

图 5-44　方案 1 对应的河网槽蓄容量及特征水量变化过程

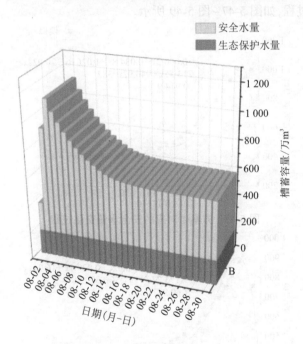

图 5-45　方案 2 对应的河网槽蓄容量及特征水量变化过程

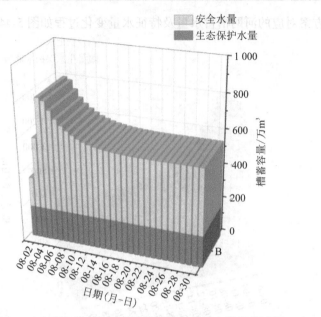

图 5-46   方案 3 对应的河网槽蓄容量及特征水量变化过程

由图 5-44~图 5-46 可知,不同调度方案的河网总槽蓄水量均超过生态保护水量,故仅考虑安全水量的动态演进情况,将安全水量与调度时长进行曲线拟合,得到安全水量在不同调度方案下的变化过程,如图 5-47~图 5-49 所示。

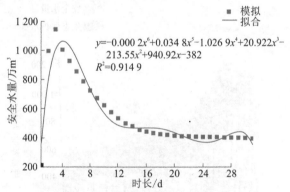

$$y=-0.000\ 2x^6+0.034\ 8x^5-1.026\ 9x^4+20.922x^3-213.55x^2+940.92x-382$$
$$R^2=0.914\ 9$$

图 5-47   方案 1 对应的安全水量变化过程

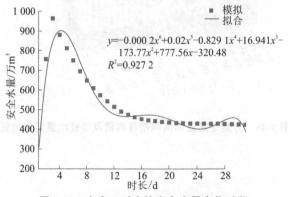

$$y=-0.000\ 2x^6+0.02x^5-0.829\ 1x^4+16.941x^3-173.77x^2+777.56x-320.48$$
$$R^2=0.927\ 2$$

图 5-48   方案 2 对应的安全水量变化过程

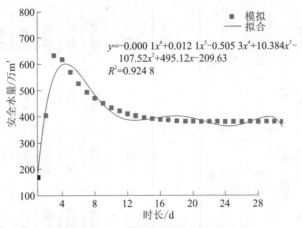

$$y=-0.000\,1x^6+0.012\,1x^5-0.505\,3x^4+10.384x^3-107.52x^2+495.12x-209.63$$
$$R^2=0.924\,8$$

图 5-49 方案 3 对应的安全水量变化过程

5.3.4.4 调度后河网增加的蓄水量

1.汛末调度后河网增加的地表水量计算

调度后河网增加的地表水量包括两部分,一部分为河网增加的拦蓄地表水量,一部分为马踏湖增加的地表水量。其中河网增加的地表水量为调度后河网内蓄水量减去水闸全开时河网内的蓄水量,由于马踏湖位于河网的边界处,马踏湖增加的蓄水量要考虑是否有出流。

根据进入马踏湖的水量与湖泊设计蓄滞洪量的大小来判断马踏湖是否有出流。入湖水量小于湖泊设计蓄滞洪量时,入湖水量全部蓄滞,无出流;入湖水量大于湖泊设计蓄滞洪量时,入湖水量部分蓄滞。根据相关资料,马踏湖设计蓄滞洪量为 950 万 m³,经计算,调度前后进入湖泊的水量均小于该设计蓄滞洪量,因此马踏湖蓄滞洪量等于湖泊进入的水量,湖泊蓄水增加量即为调度后进入湖泊的水量减去调度前进入湖泊的水量。

汛末水闸全开及优选的三种调度方案对应的河网蓄水量见表 5-17。

由表 5-17 可知,不同水平年经过水闸拦蓄调度后,汛期河网地表水增加量不同。丰水年、平水年和枯水年经调度拦蓄后河网内地表水增加量分别为117.881万 m³、126.651万 m³ 和94.763万 m³,调度后进入马踏湖的水量分别增加4.788万 m³、4.908万 m³ 和5.081万 m³。

2.非汛期调度后河网增加的蓄水量

(1)经过生态调度河网增加的蓄水量详见表 5-18。由表 5-18 可知,非汛期通过引黄渠道引水使得河网保持在生态保护水位,在丰水年、平水年及枯水年进入马踏湖的水量分别增加 33.90 万 m³、33.96 万 m³ 和33.98 万 m³,河网内的蓄水量分别增加 542.34 万 m³、542.71 万 m³ 和 543.01 万 m³。

(2)经过安全水位和风险水位的资源调度后,河网增加的蓄水量分别见表 5-19 和表 5-20。

由表 5-19 可知,通过引水使得河网保持在安全水位,在丰水年、平水年和枯水年进入马踏湖的水量分别增加 196.83 万 m³、197.64 万 m³ 和 197.96 万 m³,河网内的蓄水量分别增加 15 164.98 万 m³、15 165.35 万 m³ 和 15 165.65 万 m³。

由表 5-20 可知,调度后使得河网保持在风险水位,不同水平年进入马踏湖的水量分别增加 379.53 万 m³、381.08 万 m³ 和 381.70 万 m³,河网内的蓄水量分别增加 29 760.02 万 m³、29 760.39 万 m³ 和 29 760.69 万 m³。

表 5-17 不同情景下模拟的河网内蓄水量计算结果

单位：万 m³

不同水平年	调度后河网蓄水量	闸门全开时河网蓄水量	调度后河网增加蓄水量	调度后入马踏湖水量	闸门全开时入马踏湖水量	调度后入马踏湖增加的水量
丰水年 P=25%	607.422	489.541	117.881	13.181	8.393	4.788
平水年 P=50%	604.758	478.107	126.651	13.014	8.106	4.908
枯水年 P=75%	561.249	466.486	94.763	12.921	7.840	5.081

表 5-18 不同水平年生态调度后河网增加的蓄水量

单位：万 m³

河网与马踏湖增加的蓄水量	不同水平年	10 月	11 月	12 月	1 月	2 月	3 月	4 月	5 月	总水量
河网	丰水年 P=25%	67.73	67.79	67.84	67.87	67.8	67.8	67.78	67.73	542.34
	平水年 P=50%	67.8	67.81	67.9	67.91	67.86	67.84	67.8	67.8	542.71
	枯水年 P=75%	67.86	67.88	67.91	67.91	67.91	67.91	67.83	67.8	543.01
马踏湖	丰水年 P=25%	4.23	4.23	4.25	4.25	4.23	4.23	4.23	4.23	33.90
	平水年 P=50%	4.23	4.25	4.25	4.25	4.25	4.25	4.23	4.23	33.96
	枯水年 P=75%	4.25	4.25	4.25	4.25	4.25	4.25	4.23	4.23	33.98

表 5-19　不同水平年安全水位水资源调度后河网增加的蓄水量

单位：万 m³

河网与马踏湖增加的蓄水量	不同水平年	10 月	11 月	12 月	1 月	2 月	3 月	4 月	5 月	总水量
河网	丰水年 P=25%	1 895.56	1 895.62	1 895.67	1 895.70	1 895.63	1 895.63	1 895.61	1 895.56	15 164.98
	平水年 P=50%	1 895.63	1 895.64	1 895.73	1 895.74	1 895.69	1 895.67	1 895.63	1 895.63	15 165.35
	枯水年 P=75%	1 895.69	1 895.71	1 895.74	1 895.74	1 895.74	1 895.74	1 895.66	1 895.63	15 165.65
马踏湖	丰水年 P=25%	24.44	24.57	24.76	25.10	24.61	24.61	24.47	24.27	196.83
	平水年 P=50%	24.56	24.60	24.87	25.19	24.78	24.75	24.47	24.42	197.64
	枯水年 P=75%	24.60	24.60	24.90	25.22	24.87	24.76	24.56	24.44	197.96

表 5-20　不同水平年风险水位水资源调度后河网增加的蓄水量

单位：万 m³

河网与马踏湖增加的蓄水量	不同水平年	10 月	11 月	12 月	1 月	2 月	3 月	4 月	5 月	总水量
河网	丰水年 P=25%	3 719.94	3 720.0	3 720.05	3 720.08	3 720.01	3 720.01	3 719.99	3 719.94	29 760.02
	平水年 P=50%	3 720.01	3 720.02	3 720.11	3 720.12	3 720.07	3 720.05	3 720.01	3 720.01	29 760.39
	枯水年 P=75%	3 720.07	3 720.09	3 720.12	3 720.12	3 720.12	3 720.12	3 720.04	3 720.01	29 760.69
马踏湖	丰水年 P=25%	47.14	47.38	47.74	48.38	47.45	47.45	47.19	46.81	379.53
	平水年 P=50%	47.37	47.44	47.95	48.56	47.76	47.71	47.19	47.09	381.08
	枯水年 P=75%	47.44	47.44	48.00	48.63	47.95	47.73	47.37	47.13	381.70

5.4　本章小结

本章建立了整个水网地表水的多维耦合模拟–调度–地下水涵养与生态保护的河网资源调度关键技术。

基于流域水循环、河湖水动力与闸门联合调度的关联性,构建流域河网多维仿真模型;以地下水涵养效果最大化以及生态保护为目标,模拟并优选多维调度方案,提出了不同水平年防洪调度、生态调度、地下水涵养等优化调度方案。

(1)河网资源调度方案。

利用闸坝的存蓄水及泄洪功能,结合水资源结构分解模型及可控建筑物模块提供的闸坝调度模式,分别模拟并优选了汛期(包括主汛期、汛末)与非汛期的防洪调度、资源调度与生态调度方案。

(2)不同调度方案调度后水网的蓄水量。

汛末调度,防洪调度、资源调度与生态调度河网的蓄水量分别为607.422万 m^3、604.757万 m^3 和561.249万 m^3。

非汛期调度,河网保持在生态保护水位,不同水平年分别需要从引黄渠道引水702.48万 m^3、705.62万 m^3 和708.09万 m^3;河网保持在安全水位时,不同水平年分别需要引水15 326.44万 m^3、15 328.38万 m^3 和15 329.29万 m^3。

(3)不同调度方案调度后水网增加的蓄水量。

汛期调度后,丰水年、平水年和枯水年水网内地表水量分别增加了117.881万 m^3、126.651万 m^3 和94.763万 m^3。

非汛期通过引黄渠道引水,生态调度后,进入马踏湖的水量约增加34万 m^3,河网内的蓄水量约增加 540 万 m^3;安全水位资源调度后,进入马踏湖的水量约增加 200 万 m^3,河网内的蓄水量约增加 15 160 万 m^3。

第 6 章　区域地下水数值模型构建与模拟研究

6.1　GMS 软件介绍

6.1.1　GMS 结构体系

GMS 软件包含 MODFLOW、FEMWATER、MT3D、RT3D、SEAM3D、MODPATH、SEEP2D、T-PROGS、UTCHEM、PEST 和 UCODE 等主要计算模块,还包含 MAP、Boreholes、TINs、Solids、Mesh、Scatter Points、Grid 和 GIS 等辅助模块[97]。

MODFLOW 是美国地质调查局于 20 世纪 80 年代开发出的一套专门用于孔隙介质中地下水流动的三维有限差分数值模拟软件,是世界上使用最广泛的三维地下水水流模型。它是一种用基于网格的有限差分方法来刻画地下水流运动规律的计算机程序,通过把研究区在空间和时间上离散,建立研究区每个网格的水均衡方程式,所有网格方程联立成为一组大型的线性方程组,迭代求解方程组可以得到每个网格的水头值。MODFLOW 可以模拟水井、河流、潜流、排泄、湖泊、蒸散和人工补给对非均质和复杂边界条件的水流系统的影响。

FEMWATER 是用来模拟饱和流与非饱和流环境下的水流和溶质运移的三维有限元耦合模型,还可用于模拟咸水入侵等密度变化的水流和运移问题。

MT3D 是模拟地下水中单项溶解组分对流、弥散、源/汇和化学反应的三维溶质运移模型,能够有效处理各种边界条件和外部源汇项。化学反应主要是一些比较简单的单组分反应,包括平衡或非平衡状态的线性或非线性吸附作用、一阶不可逆反应(如生物降解等)和可逆的动态反应等。在模拟计算时,MT3D 需与 MODFLOW 一起使用。

RT3D 是模拟地下水中多组分三维反应运移的软件包,是在 MT3D 1997版本上改进开发的。RT3D 包含了许多类已有的反应包并且可以灵活地插入用户自定义的反应动力学,从而可模拟许多情况,例如,自然降解、主动式治理,以及诸如重金属、炸药、石油碳氢化合物、氯化组分等污染物治理的模拟。

ART3D 是三维解析反应运移模型,涉及延迟、对流、弥散和各种类型的反应,同样考虑到复合反应过程,包括连续反应、发散反应和顺序反应。ART3D 用的是解析解法,不需要做插值运算,所以可以很快找到模型域中任意一点的精确解。

SEAM3D 是在 MT3D 模型基础上开发的碳氢化合物降解模型,可模拟多达 27 种物质的运移和相互作用。SEAM3D 除含有多种生物降解包外,还包括 NAPL 溶解包。该包可借助漂浮在地下水位之上的 NAPL 污染来模拟污染物转移到含水层中的量。

MODPATH 是确定给定时间内稳定或非稳定流中质点运移路径的三维质点示踪模型。它和 MODFLOW 一起使用,根据 MODFLOW 计算出来的流场,在指定各质点的位置后,MODPATH 可进行正向示踪和反向示踪,计算三维水流路径,从而成为水井截获区和井位警戒研究的理想工具。

　　SEEP2D 是用来计算坝堤的剖面渗漏(如尾矿库)的二维有限单元水流模型,可用来模拟承压、部分承压和非承压水流;模拟饱和与非饱和水流;给出流线、等势线及流网。

　　T-PROGS 用于模拟地下水含水层空间分布的转移概率,启用了分类变量地质统计的马尔科夫方法获得转移概率矩阵。与传统的变量图地质统计方法相比,这种方法引入了空间相互关系,并且促使了相构造的地质编码与模型创建过程的统一。T-PROGS 计算机源代码的提供,避免了计算机的程序缺陷,也使使用者们可以做任意需要的改良。使用者可以适当地编辑源代码来检查数组的尺寸、编制参数文件、了解算式的理论及调整输入或输出格式。

　　UTCHEM 是多相水流与运移模型,对抽水和恢复的模拟很理想,特别适用于表面活化剂增加的含水层治理(SEAR)的模拟,是一个已经被广泛运用的成熟模型。

　　PEST 和 UCODE 是用于自动调参的两个计算模块,可在给定的观察数据及参数区内,自动调整参数,如渗透系数、垂直渗漏系数、给水系数、储水系数、抽水率、传导力、补给系数、蒸发率等,进行模型校正。自动进行参数估计时,交替运用 PEST 或 UCODE 来调整选定的参数,并且重复用于 MODFLOW、FEMWATER 等的计算,直到计算结果和野外观测值相吻合。

　　MAP 可使用户快速地建立概念模型及相应的数值模型。即以 TIFF、JPEG、DXF 等文件为底图,在图上确定点、折线、多边形的空间位置,直接分配边界条件及参数,点可以确定井的抽水数据或污染物点源;折线可以确定河流、排泄等模型边界;多边形可以确定面数据,如湖、不同补给区或水力传导系数区。一旦确定了概念模型,GMS 就自动建立网格,将参数分配到相应的网格,并可对概念模型进行编辑。

　　Boreholes 用来管理钻孔数据,包括地层数据和样品数据。地层数据将用来建立 TINs、实体和三维有限单元网格;样品数据将用来做出等值面和等值线,推出地层。

　　TINs 即三角不规则网络(triangulated irregular net-works),是表示相邻地层单元界面的面,它是由钻孔内精选的地层界面组成的。多个 TINs 就可以被用来建立实体模型或三维网格。

　　Solids 实体是在不规则的三角形网络(TINs)建立完成后,通过一系列操作产生的实际地层的三维立体模型,可以任意切割剖面,产生逼真的图像。

　　2DMesh 是一种二维投影网格,在地下概念模型的初步设计阶段创建并决定外部边界条件设定的位置。这在本质上与地下水位情况是一致的。当 2DMesh 创建后,加入适当的纵向元素空间,就形成了 3DMesh。这两个辅助模块主要用于 SEEP2D 和 FEMWATER 两个计算模块。

　　Grid 模块是用来建造网格的。其中 3DGrid 模块的使用范围最广泛,MODFLOW、MT3D、RT3D、MODPATH 和 UTCHEM 等计算模块都要用到。

　　Scatter Points 是为模型插入散点的模块,可以根据需要将这些二维或三维散点转入 Mesh 和 Grid 模型中。

6.1.2　地下水数值模拟原理与方法

6.1.2.1　地下水数值模拟原理

　　地下水数值模拟模型选用 GMS 软件中的有限差分的模块模拟程序。它的思想是一种基于网格的有限差分法,用来计算地下水的三维数值模拟程序。在空间和时间上,对研究区进行离散化划分,构建研究区内每个网格、每个时段的水均衡方程式,再把所有的网格方程组成一个线性方程组,对方程组进行迭代求解,最后可求出网格单元的水头值。

　　MODFLOW 原理是利用三维数学模型空间进行离散化的方法。首先把各单元网格进行分层处理,如图 6-1 所示。示意图是由许多方形块组成的三维网格系统。构建地下水差分模型,含水层参数和 MODFLOW 的计算水头值都赋值在每个方形块单元的中心点上,进行统计和计算。

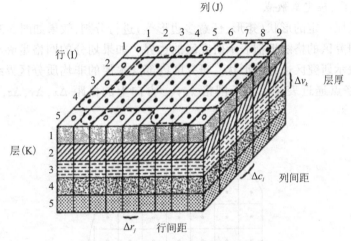

图 6-1 MODFLOW 分层网格示意图

建立分层网格后,每个内部块单元和其他 6 个相邻的块单元之间有直接的水力联系,如图 6-2 所示,可用差分方程来表示水力联系,计算公式如式(6-1)所示:

$$C_{R_{i,j-\frac{1}{2},k}}(H_{i,j-1,k} - H_{i,j,k}) + C_{R_{i,j+\frac{1}{2},k}}(H_{i,j+1,k} - H_{i,j,k}) + C_{C_{i-\frac{1}{2},j,k}}(H_{i-1,j,k} - H_{i,j,k}) +$$

$$C_{C_{i+\frac{1}{2},j,k}}(H_{i+1,j,k} - H_{i,j,k}) + C_{V_{i,j,k-\frac{1}{2}}}(H_{i,j,k-1} - H_{i,j,k}) + C_{V_{i,j,k+\frac{1}{2}}}(H_{i,j,k+1} - H_{i,j,k}) +$$

$$P_{i,j,k} H_{i,j,k} + Q_{i,j,k} = S_{S_{i,j,k}}(\Delta x_j \Delta y_i \Delta z_k) \Delta H_{i,j,l}/\Delta t \tag{6-1}$$

式中:C_V、C_R、C_C 分别表示沿层、行、列方向上的水力传导系数;$H_{i,j,k}$、$H_{i,j-1,k}$、$H_{i,j+1,k}$、$H_{i-1,j,k}$、$H_{i+1,j,k}$、$H_{i,j,k-1}$、$H_{i,j,k+1}$ 分别表示计算单元(i,j,k)与之相邻的各个方向上的计算单元的水头值;$P_{i,j,k}$、$Q_{i,j,k}$ 分别为补给量的系数;$S_{S_{i,j,k}}$ 为储水系数。

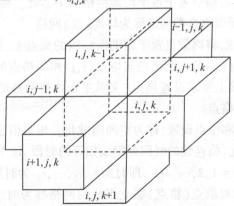

图 6-2 块周围相邻的 6 个相邻块单元示意图

6.1.2.2 地下水数值模拟方法

有限差分法是数值计算的一种经典方法。随着计算机的产生和快速发展,此方法已广泛地用于解决地下水问题。这种方法的基本思想是:利用代替的思想,即连续的渗流区用有限离散点的集合来代替,利用差商近似代替微商的思想,来解决离散点的问题,即利用未知函数在离散点上的近似值代替未知量的代数方程(差分方程),进行求解方程,得到微分方程的解,即为在离散点上的近似值。

利用微分法来求解地下水流问题,其方式如下。

1.剖分渗流区,确定离散点

把研究区按照一定的形状(矩形、任意多边形等)进行分割,效果如图 6-3 所示的网格系统。用最接近研究区的格线近似表示研究区的边界。如果划分的网格足够小,那么弯曲的网格线就能够表示研究区边界的形状。研究区内部含水层的非均质分区界线等,也可用最接近的格线或格点逼近表示。对于网格 x,y,z 方向上的格距 $\Delta x,\Delta y,\Delta z$,通常称为空间步长。

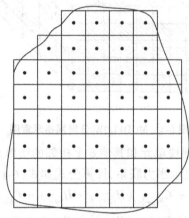

图 6-3　矩形网格剖分示意图

将区域剖分后,可确定离散点;反之,先部署离散点再确定网格。数值法求解(数值模拟法)地下水流等问题,就是求解渗流区中设计的有限个离散点处的待求量,例如水头值、降深等。在有限差分法中,离散点为格点,关于格点的设置有两种方法:

(1)先划出均衡网格,将格点置于每个均衡网格的中心处。在这种情况下,每个网格都相当于一个小的均衡区,所以将这类网格称为均衡(区)网格。

(2)先作辅助网格系统,将离散点置于辅助网格线的交点上,如图 6-4 所示。辅助网格本身并不是均衡区。格点(i,j)的均衡区是与格点(i,j)相邻格点的连线的垂直平分线所围成的区域,研究区的边界线上要求设置格点(文献主张均衡网格的格线逼近边界线),网格的格点分为内格点和边界格点。

对区域进行网格剖分和格点设置,称为空间离散化。用数值法求解地下水非稳定流问题,还要对时间进行离散化,将连续的时间分割成相等的时段 Δt,称 Δt 为时间步长,并记为 $t_n = \Delta t_1 + \Delta t_2 + \cdots + \Delta t_n (n = 1,2,\cdots,M)$,即时刻 $t_1,t_2,\cdots,t_M$ 为时阶、时间层或时间水平,将时间离散点(时阶)和空间离散点(格点)联立组成的网格称为时空网格。图 6-5 为一维不稳定流问题的时空网格,有限差分法求解地下水不稳定流问题就是要计算出各时阶各格点处的水头值(或其他变量)。

2.建立地下水流差分方程组

根据达西定律和水均衡原理,建立地下水流方程,然后用差商代替微商(导数)方法,把方程求解问题转化为差分方程的求解。

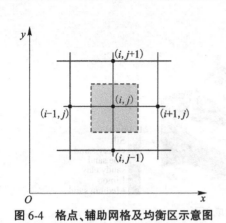

图 6-4　格点、辅助网格及均衡区示意图

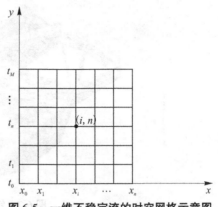

图 6-5　一维不稳定流的时空网格示意图

6.2　地下水数值模型的建立

6.2.1　三维地层模型建立

运用 GMS 建立地层三维模型有 3 种方法,分别为 Solid 法、概念模型法、网格法。区域水文地质条件以及地质结构较复杂时通常使用 Solid 法,它能够准确、客观地表现研究区的地层结构,可达到理想效果,本书即采用 Solid 法建立地层三维模型,描述复杂的地层结构。可以不断地添加新的钻孔资料及其他相关数据,使数据资料更加全面,不断地完善模型,使其精度提高,增强准确性。

充分利用收集到的地质地层资料和勘测钻孔资料,运用 GMS 的 Solid 模块,采用钻孔间差值法建立研究区的地层三维模型。具体步骤如下:

(1)整理钻孔数据。在研究区内众多地质钻孔中选取了共计 14 个控制性好、揭露地层全的钻孔进行整理汇总(数据来源于全国重要地质钻孔数据库开放数据)。数据整理最终格式为钻孔编号、X、Y、Z、HD,数据以.txt 文件格式保存。

(2)导入钻孔数据。将.txt 数据文件导入 GMS 软件中的 Borchole 模块,即钻孔模块,该模块可管理钻孔数据,利用钻孔数据生成可视钻孔。钻孔可在界面进行修改、移动使其符合实际的地质情况,如图 6-6 和图 6-7 所示。

Materials
- Silt
- dayey samd
- fine sand
- sandy clay
- Limon
- Medium sand

图 6-6　钻孔数据的导入

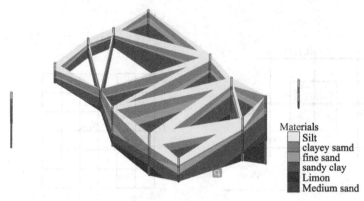

图 6-7　钻孔生成剖面

（3）绘制边界。转换到 MAP 模块界面，以研究区边界为准，绘制一条闭合曲线，进行造区，将区边界节点均匀化，如图 6-8 所示。

（4）生成 TINs 网格。对模型边界线进行三角剖分，根据研究区的大小以及模型精度要求，通过设定控制剖分网格的大小，生成 TINs。生成多个 TINs 可以用来建立地质实体模型，如图 6-9 所示。

（5）生成实体模型。选用相应的插值方法，生成实际地层的三维地质实体，可通过切割任意剖面查看地层的展布情况，也可通过旋转任意角度来观察地层模型的结构，如图 6-10 所示。

图 6-8　研究区边界　　　　　　　　　　　　图 6-9　研究区 TINs 网格

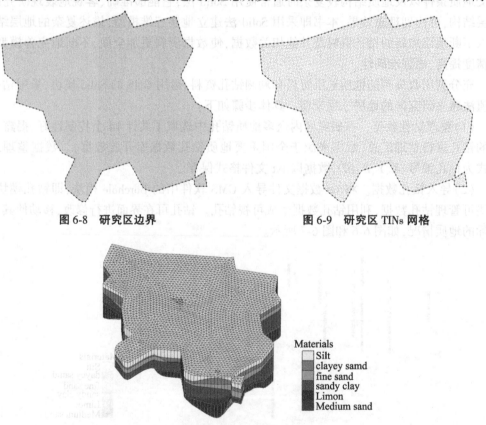

图 6-10　地质实体模型

6.2.2 研究区网格的划分

模型的运算精度与网格疏密有很大的关系。桓台县总面积为 509 km²,在 GMS 中将网格划分为同样大小的矩形,将研究区网格划分为 100 行和 100 列。由于土层可分为 6 层,所以在垂直方向上网格划分为 6 层,地层模型经过划分后共有 60 000 个单元格,其中活动的有效单元格为 31 235 个。

6.2.3 含水层的概化

通过 GMS 软件建立的三维地层模型,可通过切割剖面观察地层分布情况,地质剖面图如图 6-11 所示。

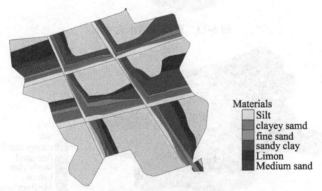

图 6-11 地质剖面图

由于桓台县地下水含水层的性质有差异,将桓台县内地下水含水层划分为以下两大类,分别是松散岩类孔隙水含水层(简称"孔隙水含水层")和碳酸盐岩类岩溶水含水层(简称"岩溶水含水层")。其中孔隙水含水层在县内分布范围广,岩层厚,含水层中蕴藏有大量的孔隙水,是桓台县内供水量最大的含水层;岩溶水含水层主要分布在桓台县东南部的侯庄一带,隐伏于第四系地层之下,分布范围较小,供水量较少。故本书仅针对孔隙水含水层进行研究。

根据地下水动力特征、含水层分布情况、水质特征和供水水文地质条件等因素,将桓台县内孔隙水含水层分为两层:第一层为潜水、微承压的浅层孔隙水含水层,可直接接受降水和地表水的渗入补给,如图 6-12 所示;第二层为深层承压孔隙水含水层,只能间接通过侧向径流和层间越流接受补给,且补给途径较长,如图 6-13 所示。在深、浅两个含水层的中间为相对隔水层,限制了浅、深孔隙水的水力联系,如图 6-14 所示。

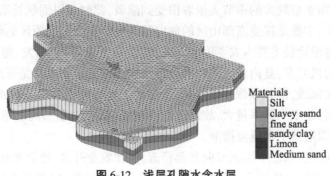

图 6-12 浅层孔隙水含水层

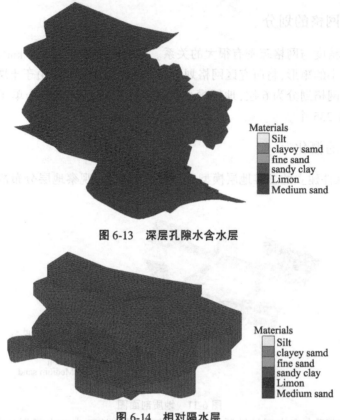

图 6-13　深层孔隙水含水层

图 6-14　相对隔水层

　　浅层孔隙水含水层分布特征受到自然因素的影响,埋藏深度多小于 100 m,岩性以各种砂土为主,其中粉细砂的分布范围最广。

　　浅层地下水主要通过降水和地表径流入渗获得补给,其次是农田灌溉下渗补给和侧向径流补给。地下水接受降水补给是由于桓台县地表高程差小,岩性整体以砂土为主,透水性良好,降落的雨水下渗量大且速度快,很少形成表流。因此,降水入渗系数较高,降水补给地下水占比大。地下水接受地表径流入渗补给是由于桓台县内河网密集,闸坝等工程措施可有效截流回灌,小清河、孝妇河、乌河、东猪龙河等河流河道内常年有水,可长期入渗补给地下水,加上近年来引黄河水入红莲湖、马踏湖,增大了湖泊补给量,使得桓台县地表水入渗补给量大且较为稳定。地下水接受农田灌溉下渗补给是由于桓台县内农业灌溉渠道完善,灌溉面积大,在农业需水量较大的季节大量农田受到灌溉,此时可以面状补给地下水。地下水接受侧向径流补给,主要是接受南部山区的侧向径流补给和西部平原区的侧向径流补给。

　　浅层地下水排泄途径主要为农业用水开采,其次是工业开采、蒸发、地下径流和垂向越流排泄。桓台县内机井多,县内绝大多数农业用水和部分工业用水都是开采的浅层地下水。北部地区地下水埋深浅,部分埋深小于 3 m,于是地下水可以通过蒸发排泄出去。另外,由于桓台县内机井多,地下水开采量大,故径流排泄量小,只在中东部局部地段向外径流。该层地下水位高,向深层地下水越流排泄。

　　浅层地下水在天然状态下由南部向北部径流,但在农业开采、地表水补源和含水层导水性等人为和自然因素综合作用下,目前中部水位低于南北两侧,中东部水位受临淄区、博兴县低水位的影响,其地下水位最低。地下水降落漏斗位于中部地段,漏斗中心为田庄镇政府南,位于东猪龙河与西猪龙河之间,形成四周往中部汇流的现象。中东部降落漏斗中心位于临淄区后唐村附近,地下水由西向东径流。

相对隔水层底板埋深为80~130 m,该层以砂质黏土和黏性土为主,含水砂层不发育,富水性较弱,整体上形成了一个相对隔水层。

深层孔隙水含水层底板埋深变化较大,岩性主要为中砂。深层孔隙水含水层主要接受南部和西南部山丘区的侧向径流补给,其补给源来自于淄博市的东南部山区,补给途径较远;据流场特征,现状条件下深层地下水位低于浅层地下水,可通过越流等方式接受浅层水补给。地下水的排泄大多是通过工业用水和生活用水的钻井开采,在桓台县的西北部和东北部存在向区外径流排泄。本区深层地下水径流方向总体由南部流向北部。

6.2.4 边界条件及源汇项处理

6.2.4.1 边界条件处理

边界条件的设置会在较大程度上影响模型模拟的结果,所以模型要做到准确且符合实际,必须要设定合理的边界条件。影响边界条件的因素不仅有自然因素,人为因素也不可忽视,在确定边界条件时,根据实际进行拟定。

1.垂向边界的概化

桓台县地下水系统以潜水含水层自由水面为上边界,水量交换主要通过边界潜水与系统外进行交换,如蒸发排泄、大气降水入渗量、开采量等。

2.侧向边界概化

桓台县地下水含水层北部以小清河为边界,此边界为常年有水的河流边界,在这个边界之上,地下水与河水互相形成稳定的补、排关系,因此可以使地下水位保持在一个比较稳定的状态,可将其概化为变水头边界。

桓台县的东、西、南三面为平原和山地,概化为变流量边界。本次研究收集了桓台县的地下水监测资料,根据2009年观测井的水位实测值采用Kriging插值方法,绘制研究区2009年1月1日的地下水位线图,如图6-15所示,作为模型运行的初始流场。根据初始流场所述的边界性质,对于流出边界采用达西定律法初步计算边界处地下水径流量,通过流场拟合,调整边界流出量。

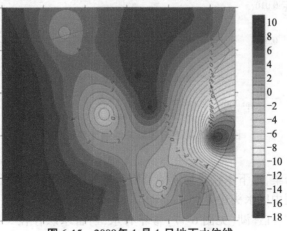

图6-15　2009年1月1日地下水位线

6.2.4.2　源汇项处理

1.大气降水入渗补给

大气降水是地下水资源形成的重要来源,大气降水落到地面后,分为地表径流与入渗水流两部分,降水入渗到包气带后,在重力作用下渗透补给潜水的水量,构成地下水补给量[98]。在模型中根据不同的降水入渗系数按面状补给量进行处理,采用软件中的补给(Recharge)模块模拟。降水入渗补给系数的大小与包气带岩性、地下水埋深、降水量大小和降水时间等因素有关[99-100]。研究区地表以黏质砂土与粉砂为主,根据多年降水量与降水入渗补给量数据,计算得降水入渗系数取 $\alpha=0.25$。通过场次降水量和降水入渗系数可以得到场次降水的补给速度,最后在模型中输入场次降水的补给速度。

2.地表灌溉入渗补给

地表灌溉入渗补给是指灌溉水入渗补给地下水的量,灌溉入渗补给系数是指灌溉水入渗补给地下水的量与灌溉水量之比[101-102]。影响灌溉入渗补给系数的因素主要有土层质地、地下水埋深、土层含水量、灌溉定额、作物情况和气候条件等。

根据已有数据,桓台县农业灌溉用水量的年均值为 6 880 万 m^3,且农业灌溉用水均为地下水;取农业灌溉入渗补给系数为0.25,相当于地下水年损失 5 160 万 m^3 用于农业灌溉。根据实地调研,得知桓台县农田多种植玉米和小麦两种农作物,故农业用水主要与当地小麦、玉米等农作物的生长生育周期有关,作物的灌溉时间集中在 3—5 月和 10—11 月,农作物在这一时期需要灌溉,灌溉井此时抽取地下水。

大气降水与农业灌溉在模型中均用补给(Recharge)模块模拟,故两个参数可进行叠加计算后输入模型,如图 6-16 所示。

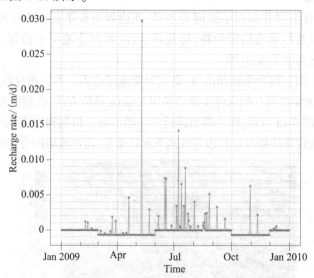

图 6-16　降水与灌溉补给速度变化趋势

3.河湖渗漏补给

桓台县内河网密集,地下水接受河流的补给。县内河流水位较稳定,与含水层存在一定的水量交换。在模型中以水头边界(Specified Head)形式进行模拟。

桓台县内马踏湖、红莲湖(见图 6-17)常年有水,与含水层存在一定的水量交换。采用软件中的补给(Recharge)模块模拟,补给速度为 0.001 m/d。

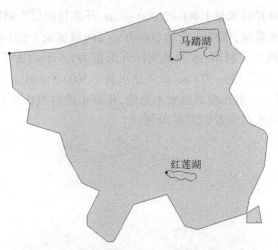

图 6-17　河湖水网中马踏湖与红莲湖所在位置

4.潜水蒸发量

在松散沉积物中,潜水面上存在毛细水带,地下水位较浅时,毛细水带接近地面,其顶面的液态水转化成气态水进入大气,潜水不断补充毛细水带,水量因而不断消耗。蒸发量计算是由 GMS 中潜水蒸发(ET)模块模拟,通过地表高程、水位埋深与极限蒸发埋深计算。研究区的极限埋深为 3 m。

5.人工开采量

根据桓台县地下水开采数据绘制历年地下水开采量变化曲线,如图 6-18 所示。由图 6-18 可知,2012年后地下水开采量呈下降的趋势。

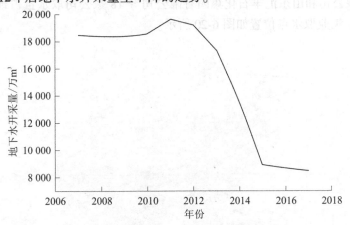

图 6-18　桓台县历年地下水开采量变化曲线

目前全县开采地下水主要用于农业灌溉,其次为生活用水,少量为工业用水。近 5 年来,农业灌溉年均开采量为 6 880 万 m³,生活用水年均开采量为 1 100 万 m³,工业用水年均开采量为 720 万 m³,在模型中采用开采井(Wells)模块进行输入模拟。

生活用水地下水开采位置主要有城区供水水源地、第一供水厂和第二供水厂。桓台城区水源地位于桓台县城,共有开采井 18 眼,井深约 300 m,开采目的层为第四系深层地下承压水,属于中小型孔隙承压水水源地。现开采量很小,可忽略不计。第一水厂水源地位于唐山镇付坡村西,水源地实际开采量为2.0万~2.2万 m³/d,共有开采井 21 眼,现实际开采 21

眼,井深262~376 m,单井涌水量1 400~2 300 m³/d,开采目的层为第四系深层地下承压水,属于中型孔隙承压水水源地,年供水量约700万 m³,向城区及乡镇同源同网供水。第二水厂水源地位于新城镇西巴王村南,水源地实际开采量为1.5万~1.8万 m³/d,共有开采井 13眼,现实际开采 13眼,井深 330~373 m,单井涌水量 1 300~1 900 m³/d,开采目的层为第四系深层地下承压水,属于中型孔隙承压水水源地,年供水量约500万 m³,向城区及乡镇同源同网供水。生活用水取水点位置如图 6-19 所示。

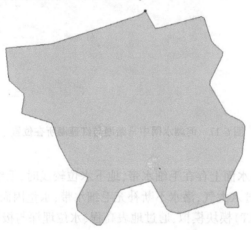

图 6-19　生活用水取水点位置

　　工业用水的地下水开采位置较为集中,主要集中在马桥产业区、果里经济开发区和唐山氟硅材料产业园 3 个工业主导区;其中山东金诚石化集团有限公司、东岳集团有限公司、山东博汇集团有限公司和山东汇丰石化集团有限公司等 18 家公司取水量占地下水工业取水量的 80%左右。工业取水点位置如图 6-20 所示。

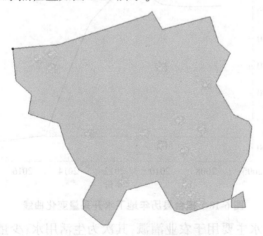

图 6-20　工业取水点位置

6.2.5　水文地质参数确定

　　在充分收集相关水文地质参数的基础上,对以往的数据进行甄别与修正,各含水层水平渗透系数、垂向渗透系数、给水度等参数的具体数值见表 6-1。

表 6-1　水文地质参数

岩性	水平渗透系数 K_h/(m/d)	垂向渗透系数 K_v/(m/d)	给水度 μ	孔隙度
粉砂	0.6	0.1	0.07	0.3
黏质砂土	0.3	0.05	0.05	0.3
细砂	12	2	0.10	0.3
砂质黏土	0.03	0.005	0.04	0.3
黏土	0.000 3	0.000 05	0.02	0.3
中砂	24	4	0.12	0.3

6.3　模型的识别与验证

基于选取的各种数据参数构建模型,完成模型构建后,需要对所建模型进行识别验证,以论证所建模型的准确性。基于桓台县复杂的地质情况,在模型计算时,水位值与实测值之间存在误差。因此,需要人工不断调整模型参数,以逐步降低残余误差,重复上述工作,直至模型参数达标,接着对数据进行验证,判断检验结果能不能符合要求。

选取研究区内的 18 眼典型观测井,对比分析水位计算值与实测值的拟合情况。运用PEST 模块自动调参,接着人工修正各参数,直到观测值与计算值的误差满足标准要求。

校核目标示意图如图 6-21 所示。GMS 的校正功能,可直观看到计算水位与观测水位的拟合结果。以实际观测值为目标,上下不超过某一限度。依据软件计算结果显示颜色的不同,可看出结果误差范围。其中,当计算值与观测值的误差在校核置信范围时,显示为绿色;当超出置信范围但不超过 200%时,为黄色;当超出置信区间范围且超过 200%时,为红色。

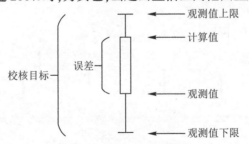

图 6-21　校核目标示意图

模型识别期为2009年 1 月 1 日至2009年 12 月 31 日,将初始条件、边界条件、监测井的实测数据、水文地质参数、源汇项等经过数据处理和分析后输入模型。初始水位为2009年 1月 1 日的实测水位值,模型运行以 1 d 为一个应力周期,运行至2009年 12 月 31 日结束。

在研究区选取 18 眼观测井,在软件中输入模型识别期观测水位值,如图 6-22 所示。对比分析实测水位值与模型计算水位值,通过调整渗透系数、降雨入渗率、蒸发率等参数,得到实测值与计算值的最佳拟合效果。模型识别过程如图 6-23 所示。图中各个校验点的颜色均为绿色,表明模拟水位误差均在允许范围内。

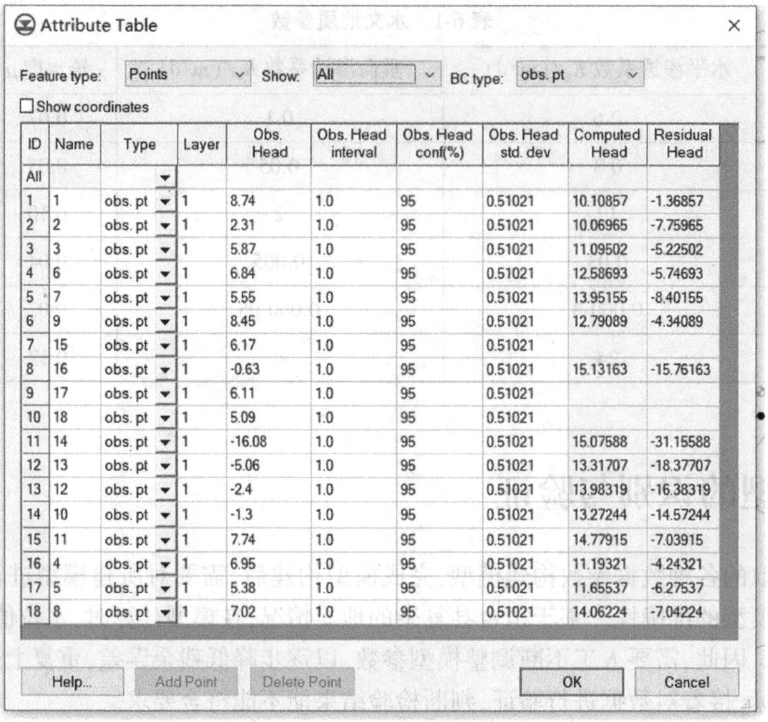

ID	Name	Type	Layer	Obs. Head	Obs. Head interval	Obs. Head conf(%)	Obs. Head std. dev	Computed Head	Residual Head
All		▾							
1	1	obs. pt ▾	1	8.74	1.0	95	0.51021	10.10857	-1.36857
2	2	obs. pt ▾	1	2.31	1.0	95	0.51021	10.06965	-7.75965
3	3	obs. pt ▾	1	5.87	1.0	95	0.51021	11.09502	-5.22502
4	6	obs. pt ▾	1	6.84	1.0	95	0.51021	12.58693	-5.74693
5	7	obs. pt ▾	1	5.55	1.0	95	0.51021	13.95155	-8.40155
6	9	obs. pt ▾	1	8.45	1.0	95	0.51021	12.79089	-4.34089
7	15	obs. pt ▾	1	6.17	1.0	95	0.51021		
8	16	obs. pt ▾	1	-0.63	1.0	95	0.51021	15.13163	-15.76163
9	17	obs. pt ▾	1	6.11	1.0	95	0.51021		
10	18	obs. pt ▾	1	5.09	1.0	95	0.51021		
11	14	obs. pt ▾	1	-16.08	1.0	95	0.51021	15.07588	-31.15588
12	13	obs. pt ▾	1	-5.06	1.0	95	0.51021	13.31707	-18.37707
13	12	obs. pt ▾	1	-2.4	1.0	95	0.51021	13.98319	-16.38319
14	10	obs. pt ▾	1	-1.3	1.0	95	0.51021	13.27244	-14.57244
15	11	obs. pt ▾	1	7.74	1.0	95	0.51021	14.77915	-7.03915
16	4	obs. pt ▾	1	6.95	1.0	95	0.51021	11.19321	-4.24321
17	5	obs. pt ▾	1	5.38	1.0	95	0.51021	11.65537	-6.27537
18	8	obs. pt ▾	1	7.02	1.0	95	0.51021	14.06224	-7.04224

图 6-22　模型识别期观测水位值

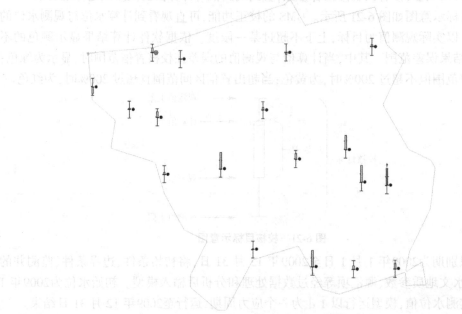

图 6-23　地下水观测井识别过程

根据模拟结果和实测数据的吻合来判断模型的可靠性,模型运行完成后模拟地下水位值如图 6-24 所示,实测地下水位值如图 6-25 所示。选取部分监测井的模拟值和实测值进行对比,结果如图 6-26 所示。

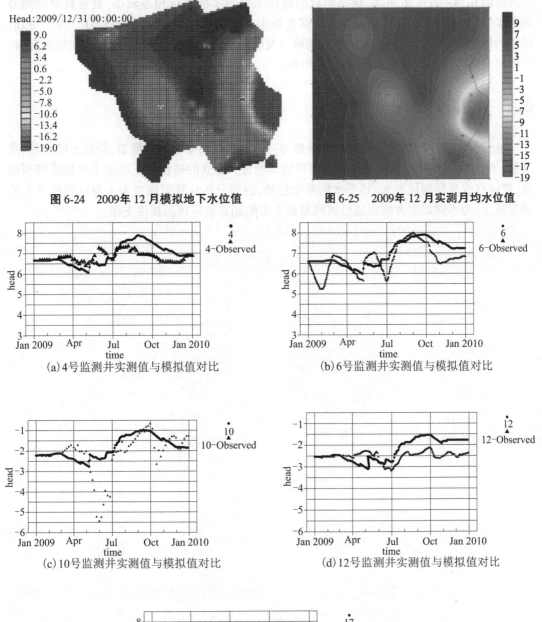

图 6-24　2009 年 12 月模拟地下水位值　　　　图 6-25　2009 年 12 月实测月均水位值

(a) 4 号监测井实测值与模拟值对比　　　　　　(b) 6 号监测井实测值与模拟值对比

(c) 10 号监测井实测值与模拟值对比　　　　　　(d) 12 号监测井实测值与模拟值对比

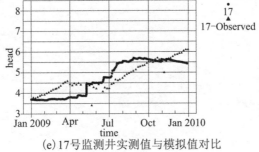

(e) 17 号监测井实测值与模拟值对比

图 6-26　典型区域监测井实测值与模拟值对比结果

　　由图 6-24~图 6-26 可知,模型运行的整体水位与实测水位相差较小,且各典型观测井地下水位拟合度较高,实测值和模拟值误差较小,说明模型拟合效果整体较好。综上可知,模型的概化、边界条件设置、地质参数选取以及源汇项的设定是合理的,能反映实际情况,构建的模型可以运用到地下水涵养模拟预测中。

6.4　本章小结

　　基于 GMS 软件,建立了河流水量模型与三维地下水模型的耦合模型,并利用降水量、蒸发量、地下水位实测值等数据进行模型识别与验证。建立的桓台县三维地下水数值模拟模型,能够有效地预测地表水–地下水的变化趋势,进而分析计算河网地表水对区域地下水的涵养效应,为不同调度方案实施后河网对地下水的涵养效应预测提供支撑。

第 7 章　基于河湖水网水资源调度的地下水涵养效应研究

本章在区域地质结构对降雨入渗影响研究的基础上,分析不同雨强和不同初始含水率下的降雨与水网入渗差异,运用数值模拟分析方法,分析河道地表水与地下水转换量、水源置换量等。基于不同情景下的河湖水网调度方案,对地下水涵养效果进行了预测,能够为不同河网调度方案对地下水的涵养效应预测提供决策依据。

7.1　地表水与地下水之间转换量的计算

桓台县地表水与地下水之间的转换主要包括降雨入渗补给和河流入渗补给。

7.1.1　降雨入渗对地下水的补给

降水是地下水最主要和最直接的补给源,降雨量的大小直接影响对地下水的补给作用。由于降水对地下水具有时间滞后的效应,所以地下水对气候变化的响应要比地表水慢。降雨入渗补给地下水要经过包气带的调节才能实现,因此降雨特征、土壤前期含水率等都是降雨入渗影响因素[103-104]。在不同影响因素下,入渗补给地下水机制不同。

在降雨产汇流过程中,主要有蒸发、直接径流、植物截留、填洼、下渗等几个损耗环节。为计算不同前期影响雨量和雨强下的降雨入渗量,首先在《山东省水文图集》中查找多种降雨量在不同前期影响雨量下的径流量、损失量,再从损失量中扣除蒸发、直接径流、植物截留、填洼量,即可得到降雨的下渗量。其中:

(1)蒸发:降雨期间的蒸发,根据水文气象资料,桓台县多年平均水面日蒸发量为3.2 mm,其中每年 6 月蒸发量最大,平均为 10.5 mm;1 月最小,平均为1.7 mm。而降雨普遍集中在夏季,蒸发量取 1 d 蒸发量为 8 mm。

(2)直接径流:降落在河湖水面上的雨水直接形成径流,占7%左右。

(3)植物截留:降雨开始时,部分雨水被植物茎叶、根系所截留,占降雨量的 10%~30%。桓台县土地内多为小麦、玉米等农作物,截留较少,故植物截留量取降雨量的 10%。

(4)填洼:落到地面的雨水,有一部分填充低洼地带,占降雨量的 1%~10%。这些水量有的下渗,有的以蒸发形式被消耗,填洼量取降雨量的 5%。

土壤的初始含水率反映了降雨入渗之前土壤的干湿程度,初始含水率对降雨入渗补给量的影响,可用土壤前期影响雨量表示。所谓的前期影响雨量,就是由前期降雨所形成的影响本次降雨的补给,并且储藏在地下水面以上土壤非饱和带中的水量,反映了本次降雨开始时土壤含水量的大小。当土壤质地及地下水埋深一定时,降雨入渗引起的地下水位上升高度主要与初始含水量及降雨量大小有关。为定量地研究初始含水率对降雨入渗补给的影响,选取前期影响雨量为 0 mm、20 mm、40 mm,计算不同降雨强度的降雨入渗量,不同前期影响雨量的降雨入渗量计算结果见表 7-1~表 7-3、图 7-1~图 7-3。

表 7-1　前期影响雨量为 0 mm 时的下渗量　　　　　　　　　单位:mm

降雨	径流	损失	蒸发	直接径流	植物截留	填洼	下渗	占比/%
50	0	50	8	3.5	5	2.5	31.0	62.00
60	1	59	8	4.2	9	3	34.8	58.00
70	2	68	8	4.9	10.5	3.5	41.1	58.71
80	5	75	8	5.6	12	4	45.4	56.75
90	7	83	8	6.3	13.5	4.5	50.7	56.33
100	11	89	8	7.0	15	5	54.0	54.00
110	14	96	8	7.7	16.5	5.5	58.3	53.00
120	18	102	8	8.4	18	6	61.6	51.33
130	23	107	8	9.1	19.5	6.5	63.9	49.15
140	28	112	8	9.8	21	7	66.2	47.29
150	33	117	8	10.5	22.5	7.5	68.5	45.67
160	39	121	8	11.2	24	8	69.8	43.63
170	46	124	8	11.9	25.5	8.5	70.1	41.24
180	53	127	8	12.6	27	9	70.4	39.11
190	60	130	8	13.3	28.5	9.5	70.7	37.21
200	68	132	8	14.0	30	10	70.0	35.00

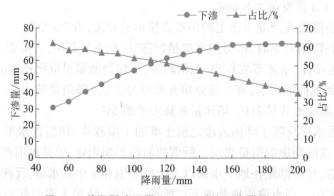

图 7-1　前期影响雨量为 0 mm 时的下渗量及占比

表 7-2　前期影响雨量为 20 mm 时的下渗量　　　　　　单位:mm

降雨	径流	损失	蒸发	直接径流	植物截留	填洼	下渗	占比/%
30	0	30	8	2.1	3	1.5	15.4	51.33
40	1	39	8	2.8	6	2	20.2	50.50
50	2	48	8	3.5	7.5	2.5	26.5	53.00
60	5	55	8	4.2	9	3	30.8	51.33
70	7	63	8	4.9	10.5	3.5	36.1	51.57
80	11	69	8	5.6	12	4	39.4	49.25
90	14	76	8	6.3	13.5	4.5	43.7	48.56
100	18	82	8	7.0	15	5	47.0	47.00
110	23	87	8	7.7	16.5	5.5	49.3	44.82
120	28	92	8	8.4	18	6	51.6	43.00
130	33	97	8	9.1	19.5	6.5	53.9	41.46
140	39	101	8	9.8	21	7	55.2	39.43
150	46	104	8	10.5	22.5	7.5	55.5	37.00
160	53	107	8	11.2	24	8	55.8	34.88
170	60	110	8	11.9	25.5	8.5	56.1	33.00
180	68	112	8	12.6	27	9	55.4	30.78

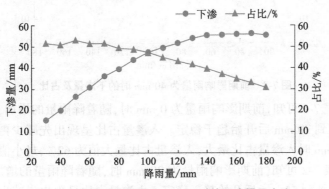

图 7-2　前期影响雨量为 20 mm 时的下渗量及占比

表 7-3　前期影响雨量为 40 mm 时的下渗量　　　　　　单位：mm

降雨	径流	损失	蒸发	直接径流	植物截留	填洼	下渗	占比/%
10	0	10	8	0.7	1	0.5	0	0
20	1	19	8	1.4	3	1	5.6	28.00
30	2	28	8	2.1	4.5	1.5	11.9	39.67
40	5	35	8	2.8	6	2	16.2	40.50
50	7	43	8	3.5	7.5	2.5	21.5	43.00
60	11	49	8	4.2	9	3	24.8	41.33
70	14	56	8	4.9	10.5	3.5	29.1	41.57
80	18	62	8	5.6	12	4	32.4	40.50
90	23	67	8	6.3	13.5	4.5	34.7	38.56
100	28	72	8	7.0	15	5	37	37.00
110	33	77	8	7.7	16.5	5.5	39.3	35.73
120	39	81	8	8.4	18	6	40.6	33.83
130	46	84	8	9.1	19.5	6.5	40.9	31.46
140	53	87	8	9.8	21	7	41.2	29.43
150	60	90	8	10.5	22.5	7.5	41.5	27.67
160	68	92	8	11.2	24	8	40.8	25.50

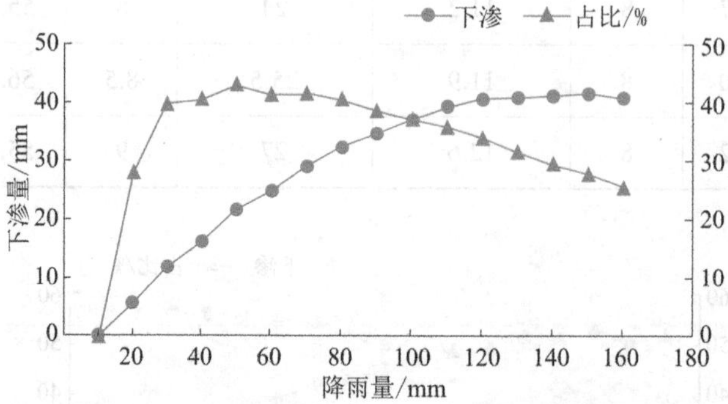

图 7-3　前期影响雨量为 40 mm 时的下渗量及占比

由图 7-1 和表 7-1 可知，前期影响雨量为 0 mm 时，随着降雨量的增加，降雨下渗量逐渐增加，下渗量增加到 70 mm 后开始趋于稳定。入渗量占比呈现出先减少再增加后减少的趋势，降雨量为 50 mm 时入渗量占比最大，入渗量占比最大值为 62%，最小值为 35%。

由图 7-2 和表 7-2 可知，前期影响雨量为 20 mm 时，随着降雨量的增加，降雨入渗量逐渐增加，下渗量增加到 55 mm 后开始趋于稳定。入渗量占比呈现出先减少再增加后减小的趋势，降雨量为 50 mm 时入渗量占比最大，入渗量占比最大值为 53%，最小值为 30.78%。

由图 7-3 和表 7-3 可知，前期影响雨量为 40 mm 时，随着降雨量的增加，降雨入渗量逐渐增加，下渗量增加到 40 mm 左右后开始趋于稳定。入渗量占比呈现出先增加后减小的趋势,降雨量为 10 mm 时,下渗量为 0,降雨主要以蒸发的形式损耗掉,降雨量为 50 mm 时,入渗量占比最大。

综上可知,相同前期影响雨量不同雨强的降雨入渗不同,但变化趋势相同,均是随着降雨量的增多,地下水获得的降雨入渗补给量逐渐增加,这是因为降雨量转为包气带存储和消耗之后,剩余水分到达潜水面,在包气带厚度一定的条件下,包气带存储和消耗的量基本相同,降雨量越大,到达潜水面的量越多。下渗占比达到一定值后开始趋于稳定。不同前期影响雨量下,降雨入渗达到的稳定值是不同的,稳定值随着前期影响雨量的增大而减小,当降雨为 50 mm 时,降雨量入渗占比最大,之后随着降雨量的增大,降雨入渗占比开始逐渐减小。这是因为补给一定程度后,地下水的毛细上升高度接近地表,入渗补给受到限制,所以降雨入渗占比开始减小。

前期影响雨量较大时,土壤亏缺量小,同样的降雨所引起的补给量就大。初始含水量小时,土壤亏损量大,同样的降雨所引起的补给量就小。

7.1.2　河流地表水与地下水之间的转换

河流地表水与地下水之间的转换关系十分复杂,河水与地下水之间的利用,上下游之间的用水相互影响、相互牵制。桓台县地下水被大量开采,地下水位下降明显,地下漏斗区面积不断扩大,增加了地面沉降的风险。因此,研究本区域内地表水与地下水之间的转换关系及转换量,对水资源的科学配置和可持续利用具有很重要的意义。

地表水与地下水之间的转换主要是转化量的确定和对转换关系的影响因素的分析,研究区地表水与地下水的转化主要是河水与地下水的转化。根据监测资料,桓台县地表水与地下水的转化关系属于渗漏式补给。

7.1.2.1　地表水向地下水转化的影响因素

河道地表水向地下水转换的影响因素有很多,有些是不随时间变化的,如地层岩性;有些是随时间变化的,如上游来水量、地下水开采量和降水量等[105]。分析河道地表水向地下水转化的影响因素,对于准确合理地确定转化量,进行河道地表水与地下水资源的优化配置与利用是极其重要的。

地层岩性对河水向地下水的转化起着决定性的作用。桓台县大部分河床为粉砂土,地质岩性有利于河水向地下水的转化,河水与地下水有着密切的水力联系,补给能力较强。东猪龙河贯通南北,沿途渗漏加上部分河水被用来提水农灌回归,使沿岸地带地下水得到常年补给。

一般情况下,降水量越大,上游来水量就越大,前期转化量也相应的增加,地下水位不断抬升,从而抑制地表水向地下水的转化。上游来水量是地表水向地下水转化的前提条件,当没有来水量时,两者之间就不存在转化,一般情况下,两者的变化趋势是一致的,即来水量大时,转化量就大;来水量小时,转化量也小。但上游用水、水面蒸发等原因直接影响着地表的径流,从而影响转化量。

随着地下水开采量的逐年增加,引起地下水位下降,增大了地下库容的蓄水空间,有利于地表水沿河道向地下水转化,转化量呈增加趋势。当开采量增加到一定程度,河道来水量有限时,地表水向地下水的转化量只有少量的增加,甚至不再增加。

在上述因素中,地层岩性对地表水和地下水之间的转化关系的影响属于稳定因素,不随时间变化;而降水量、上游来水量和地下水开采量属于非稳定因素,随时间变化,直接影响了转化关系的变化规律。研究区的水文地质和水文条件,有利于地表水转化为地下水,成为地下水的主要补给来源。

7.1.2.2　河道地表水与地下水转化量

分析地表水与地下水之间的转化量,可以为区域水资源评价、开发利用与管理提供基本依据,也为研究不同调度方案下的地下水涵养效应提供参考。

1.计算原理

地下水均衡法是计算地表水与地下水转化量的一种计算方法,其原理是根据质量守恒定律,计算地下水的补排情况[106],其计算公式如下:

$$Q_{潜水变化} = Q_{补给} - Q_{排泄} \qquad (7\text{-}1)$$

$$Q_{补给} = Q_{大气降水} + Q_{灌渗} + Q_{河渗} + Q_{渠渗} \qquad (7\text{-}2)$$

$$Q_{排泄} = Q_{人工开采} + Q_{蒸发} \qquad (7\text{-}3)$$

$$Q_{转化} = Q_{渠渗} + Q_{河渗} \qquad (7\text{-}4)$$

式中:$Q_{潜水变化}$ 为潜水蓄水量,万 m^3;$Q_{补给}$ 为潜水的补给量,万 m^3;$Q_{排泄}$ 为潜水的排泄量,万 m^3;$Q_{大气降水}$ 为大气降水补给地下水的量,万 m^3;$Q_{渠渗}$ 为渠系水渗入地下水的量,万 m^3;$Q_{灌渗}$ 为地下水灌溉回渗至地下的水量;$Q_{河渗}$ 为河道渗漏转化量,万 m^3;$Q_{人工开采}$ 为人工开采地下水的量,万 m^3;$Q_{蒸发}$ 为潜水蒸发的水量,万 m^3;$Q_{转化}$ 为研究区地表水与地下水的转化量,万 m^3。

2.水文地质参数的确定

1)大气降水入渗补给系数(α)

大气降水入渗补给系数主要根据大气降水量与地下水动态资料进行计算,本书主要采用综合分析现有资料,确定大气降水入渗补给系数为0.25。

2)给水度(μ)

给水度的计算方法主要有室内试验法、抽水试验法以及地下水动态资料推求法,本书参照前人的研究成果,结合桓台县实际情况,确定研究区的给水度为0.2。

3)渗透系数(K)

渗透系数根据野外现场试验确定,渗透系数为0.087 m/d。

4)潜水蒸发系数

潜水蒸发系数一般由潜水的多年平均蒸发量与同一时期水面蒸发量的比值求得。本书在前人研究成果的基础上,确定研究区的潜水蒸发系数为0.04~0.10,取0.06。

5)灌溉入渗补给系数

研究区灌溉入渗补给包括渠道水入渗补给和田间地下水灌溉水入渗补给。地下水灌溉入渗补给系数根据相关资料综合确定,取0.25。

3.潜水储存量计算

由18眼地下水监测井资料可知,桓台县地下水总体处于下降趋势,2010年以后地下水位呈现波动性回升。由质量守恒定律,研究区潜水储存量计算公式为:

$$Q_{潜水变化} = \mu F \Delta H_P \qquad (7\text{-}5)$$

式中:μ 为潜水给水度,无量纲;F 为研究区面积,km^2;ΔH_P 为潜水位年内变化幅度,m。

根据计算公式,得出的计算结果见表 7-4。

表 7-4　研究区地下水变幅与潜水量变化计算结果

年份	地下水位变幅/m	地下水变化量/万 m³
2016	0.46	4 600
2017	0.72	7 200
2018	0.57	5 700

4.补给量计算

研究区地下水的补给来源主要为大气降水入渗补给和河道渗漏补给。

1)大气降水入渗补给量

大气降水入渗补给量是研究区地下水主要的补给来源之一,其计算公式如下:

$$Q_{大气降水} = \alpha FP \tag{7-6}$$

式中:α 为大气降水入渗系数,无量纲;F 为研究区面积,km^2;P 为研究区降水量,mm。

大气降水入渗补给量计算结果见表 7-5。

表 7-5　大气降水入渗补给量计算结果

年份	降水量/mm	降水入渗补给量/万 m³
2016	594	7 425
2017	435	5 438
2018	884	11 050

2)地下水灌溉入渗量

研究区水田灌溉需水量较大,灌溉水会有部分入渗至地下水,采用系数法进行计算,计算公式如下:

$$Q_{灌渗} = \gamma_2 Q_{地} \tag{7-7}$$

式中:$Q_{灌渗}$ 为地下水灌溉入渗量,万 m³;γ_2 为地下水灌溉入渗系数。

地下水灌溉入渗量计算结果见表 7-6。

表 7-6　研究区地下水灌溉入渗量计算成果　　　　　单位:万 m³

年份	农田灌溉量	地下水灌溉入渗量
2016	8 299	2 075
2017	7 940	1 985
2018	8 000	2 000

5.排泄量计算

1)潜水蒸发排泄量

结合野外调查及现有的研究成果,当地下水埋深大于 5 m 时,一般的植物根系无法延伸到地下水面,所以研究区地下水埋深 5 m 为临界蒸发值,根据研究区内地下水埋深数据,取

研究区内每年地下水埋深小于 5 m 的面积进行潜水蒸发量的计算,计算公式如下:

$$Q_{蒸发} = \beta SF \qquad\qquad (7\text{-}8)$$

式中: β 为潜水蒸发系数,无量纲; S 为潜水蒸发强度,mm; F 为潜水蒸发区的面积,km²。

根据研究区长观测井的埋深资料,画出2016—2018年每年的潜水埋深图,得出研究区每年潜水埋深小于 5 m 的面积。潜水蒸发量计算结果见表7-7。

表 7-7　研究区潜水蒸发量计算结果

年份	潜水埋深小于 5 m 的面积/km²	潜水蒸发量/万 m³
2016	115	345
2017	120	360
2018	126	378

2)人工开采量

研究区的地下水人工开采量主要包括农业灌溉量、工业用水量、农村及城镇生活用水量,其中最主要的用水为农业灌溉量。研究区人工开采地下水量见表7-8。

表 7-8　研究区人工开采地下水量　　　　　　　　　　　单位:万 m³

年份	地下水开采量
2016	8 662
2017	8 485
2018	8 500

6.地表水与地下水转化量的计算结果与分析

地下水均衡法计算的转化量结果见表7-9。由计算结果可知,2016—2018年地表水与地下水的转化量变化幅度较大,均值为4 752万 m³,最大转换量为2017年的8 622万 m³,最小的为2018年的1 528万 m³。

表 7-9　地下水均衡法计算的转换量成果

年份	转化量/万 m³
2016	4 107
2017	8 622
2018	1 528

7.2　不同调度方案实施后的地下水涵养效应研究

7.2.1　方案确定与分析

桓台县在2016年实施了地下水超采区域综合治理工程,本次治理工程的总体布局为

"三横四纵一湿地";其中"三横"包括引黄北干渠、引黄南干渠、孝妇河等,"四纵"包括乌河、东猪龙河、涝淄河、大寨沟,"一湿地"是指马踏湖生态湿地。

为探究该治理工程实施后的效果,利用第 6 章建立的模型并根据治理工程的总体布局,在模型中加入河流。模拟桓台县地下水位在 10 年内的变化,将模拟结果与 2018 年末实测地下水位进行对比,即可直观反映河网水系连通后地下水位的变化以及涵养效果。

由室外试验渗透速度与河道水深的关系可知,不同河网水位对地下水涵养效果不同,根据对河网分解确定的特征水位,拟订了 3 个方案进行地下水位模拟计算,具体方案如下:

方案一,研究区在水文地质条件、源汇项、边界条件以及降水量条件不变的情况下,假定调度后使得河网水位保持在生态保护水位,初始地下水位选定为 2009 年 1 月实测水位值,模拟 2009—2018 年经过 10 年的河网补给后地下水位的变化情况。

方案二,研究区在水文地质条件、源汇项、边界条件以及降水量条件不变的情况下,假定调度后使得河网水位保持在安全水位,初始地下水位选定为 2009 年 1 月实测水位值,模拟 2009—2018 年经过 10 年的河网补给后地下水位的变化情况。

方案三,研究区在水文地质条件、源汇项、边界条件以及降水量条件不变的情况下,假定调度后使得河网水位保持在风险水位,初始地下水位选定为 2009 年 1 月实测水位值,模拟 2009—2018 年经过 10 年的河网补给后地下水位的变化情况。

根据河流水资源结构分解计算的河网生态保护水位、安全水位、风险水位进行模拟计算,河网内主要河道的生态保护水位、安全水位、风险水位见表 7-10~表 7-12。

表 7-10　桓台县河网主要河道生态保护水位　　　　　单位:m

河流名称	上游水位	下游水位
涝淄河	21.877	14.417
北干渠	5.281	5.081
南干渠	7.493	5.980
孝妇河	11.408	4.510
东猪龙河	19.270	3.345
小清河	4.910	3.160
乌河	19.690	3.260
杏花河	6.898	4.464
预备河	4.823	3.712
胜利河	8.111	4.960
大寨沟	17.34	13.260
西猪龙河	14.160	10.270
大寨沟接长	13.272	10.224
跃进河	11.362	9.012
人字河	10.214	6.205

表 7-11 桓台县河网主要河道安全水位 单位:m

河流名称	上游水位	下游水位
涝淄河	23.807	16.347
北干渠	8.493	7.871
南干渠	11.493	8.880
孝妇河	13.388	6.490
东猪龙河	21.126	5.205
小清河	6.900	6.110
乌河	22.099	6.190
杏花河	12.288	7.444
预备河	6.342	5.231
胜利河	10.520	7.890
大寨沟	20.683	16.603
西猪龙河	16.820	12.930
大寨沟接长	15.872	12.824
跃进河	14.082	11.232
人字河	12.526	9.975

表 7-12 桓台县河网主要河道风险水位 单位:m

河流名称	上游水位	下游水位
涝淄河	24.397	16.937
北干渠	8.493	7.871
南干渠	12.483	10.190
孝妇河	14.308	7.410
东猪龙河	21.990	6.065
小清河	11.228	9.782
乌河	22.884	8.640
杏花河	15.218	10.804
预备河	8.002	6.891
胜利河	11.305	10.340
大寨沟	20.683	16.603
西猪龙河	17.380	15.590
大寨沟接长	15.872	12.834
跃进河	14.082	11.232
人字河	13.958	12.305

7.2.2 模型参数的设定

7.2.2.1 初始条件和模拟时段的确定

根据已有的地下水资料,选择2009年1月的地下水位观测值作为模拟时段的初始水位,对其插值后得到浅层地下水位分布,如图 7-4 所示。模拟时间设为 10 年,即2009年 1 月 1 日至2018年 12 月 31 日。

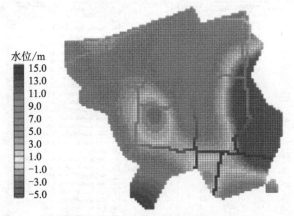

图 7-4　方案模拟阶段初始地下水位分布

7.2.2.2　源汇项设定

模型的源汇项包括降雨入渗、地表灌溉入渗、人工开采、河网入渗等,降雨入渗和人工开采根据历年资料进行设定,地表灌溉入渗采用模型率定值。

(1)降雨入渗。降雨入渗系数结合相关资料取0.25。根据桓台县历年降雨资料,2009—2018年的降雨量值分别为650.4 mm、520.6 mm、535 mm、397.5 mm、713.7 mm、349.9 mm、529.8 mm、594.1 mm、434.7 mm、883.6 mm。通过降雨入渗系数与降雨量即可确定降雨入渗量。

(2)人工开采量。年均开采量采用2015—2017年的平均值,为 8 700 万 m^3。

(3)地表灌溉入渗。地表灌溉量为2016—2018年的平均值,地表入渗系数采用模型率定值,为0.25。

(4)河网入渗。模型建立的河网如图 7-5 所示。

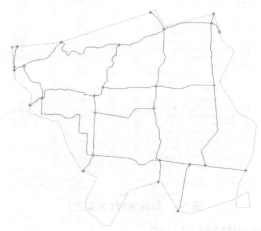

图 7-5　河网平面图

将各个河道的水位(生态保护水位、安全水位、风险水位)输入到已识别与验证过的模型中,如图 7-6~图 7-8 所示。

Attribute Table — Feature type: Nodes　Show: All　BC type: spec. head (IBC)　☐ Show coordinates

ID	Type	Head-Stage (m)	Refine	Base size (m)	Bias	Max size (m)
All						
44	spec. head (BOUND)	6.898		0.0	0.0	0.0
47	spec. head (BOUND)	3.345		0.0	0.0	0.0
48	spec. head (BOUND)	19.27		0.0	0.0	0.0
50	spec. head (BOUND)	4.0		0.0	0.0	0.0
51	spec. head (BOUND)	19.69		0.0	0.0	0.0
53	spec. head (BOUND)	13.26		0.0	0.0	0.0
54	spec. head (BOUND)	21.877		0.0	0.0	0.0
60	spec. head (BOUND)	3.712		0.0	0.0	0.0
66	spec. head (BOUND)	4.0		0.0	0.0	0.0
69	spec. head (BOUND)	4.51		0.0	0.0	0.0
70	spec. head (BOUND)	11.408		0.0	0.0	0.0
72	spec. head (BOUND)	4.96		0.0	0.0	0.0
73	spec. head (BOUND)	8.111		0.0	0.0	0.0
76	spec. head (BOUND)	10.27		0.0	0.0	0.0
77	spec. head (BOUND)	14.16		0.0	0.0	0.0
80	spec. head (BOUND)	6.205		0.0	0.0	0.0
81	spec. head (BOUND)	10.214		0.0	0.0	0.0
85	spec. head (BOUND)	14.417		0.0	0.0	0.0
88	spec. head (BOUND)	4.464		0.0	0.0	0.0
89	spec. head (BOUND)	5.081		0.0	0.0	0.0
92	spec. head (BOUND)	17.34		0.0	0.0	0.0
94	spec. head (BOUND)	10.224		0.0	0.0	0.0
95	spec. head (BOUND)	13.272		0.0	0.0	0.0
97	spec. head (BOUND)	10.224		0.0	0.0	0.0
101	spec. head (BOUND)	5.98		0.0	0.0	0.0
102	spec. head (BOUND)	7.493		0.0	0.0	0.0
105	spec. head (BOUND)	11.125107778367		0.0	0.0	0.0
106	spec. head (BOUND)	9.2302961337873		0.0	0.0	0.0

图7-6　生态保护水位（方案一）

Attribute Table — Feature type: Nodes　Show: All　BC type: spec. head (IBC)　☐ Show coordinates

ID	Type	Head-Stage (m)	Refine	Base size (m)	Bias	Max size (m)
All						
44	spec. head (BOUND)	12.288		0.0	0.0	0.0
47	spec. head (BOUND)	5.205		0.0	0.0	0.0
48	spec. head (BOUND)	21.126		0.0	0.0	0.0
50	spec. head (BOUND)	5.0		0.0	0.0	0.0
51	spec. head (BOUND)	22.099		0.0	0.0	0.0
53	spec. head (BOUND)	16.603		0.0	0.0	0.0
54	spec. head (BOUND)	23.807		0.0	0.0	0.0
60	spec. head (BOUND)	5.231		0.0	0.0	0.0
66	spec. head (BOUND)	5.0		0.0	0.0	0.0
69	spec. head (BOUND)	6.49		0.0	0.0	0.0
70	spec. head (BOUND)	13.388		0.0	0.0	0.0
72	spec. head (BOUND)	7.89		0.0	0.0	0.0
73	spec. head (BOUND)	10.52		0.0	0.0	0.0
76	spec. head (BOUND)	12.93		0.0	0.0	0.0
77	spec. head (BOUND)	16.82		0.0	0.0	0.0
80	spec. head (BOUND)	9.975		0.0	0.0	0.0
81	spec. head (BOUND)	12.526135678392		0.0	0.0	0.0
85	spec. head (BOUND)	16.347		0.0	0.0	0.0
88	spec. head (BOUND)	7.444		0.0	0.0	0.0
89	spec. head (BOUND)	7.871		0.0	0.0	0.0
92	spec. head (BOUND)	20.683		0.0	0.0	0.0
94	spec. head (BOUND)	12.824		0.0	0.0	0.0
95	spec. head (BOUND)	15.872		0.0	0.0	0.0
97	spec. head (BOUND)	11.493		0.0	0.0	0.0
101	spec. head (BOUND)	8.88		0.0	0.0	0.0
102	spec. head (BOUND)	11.493		0.0	0.0	0.0
103	spec. head (BOUND)	13.768017016641		0.0	0.0	0.0
104	spec. head (BOUND)	12.2570462383		0.0	0.0	0.0

图7-7　安全水位（方案二）

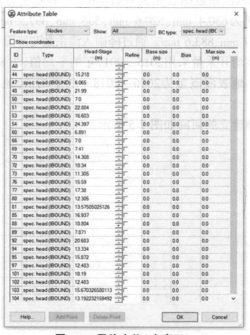

Attribute Table — Feature type: Nodes　Show: All　BC type: spec. head (IBC)　☐ Show coordinates

ID	Type	Head-Stage (m)	Refine	Base size (m)	Bias	Max size (m)
All						
44	spec. head (BOUND)	15.218		0.0	0.0	0.0
47	spec. head (BOUND)	6.065		0.0	0.0	0.0
48	spec. head (BOUND)	21.99		0.0	0.0	0.0
50	spec. head (BOUND)	7.0		0.0	0.0	0.0
51	spec. head (BOUND)	22.884		0.0	0.0	0.0
53	spec. head (BOUND)	16.603		0.0	0.0	0.0
54	spec. head (BOUND)	24.397		0.0	0.0	0.0
60	spec. head (BOUND)	6.891		0.0	0.0	0.0
66	spec. head (BOUND)	7.0		0.0	0.0	0.0
69	spec. head (BOUND)	7.41		0.0	0.0	0.0
70	spec. head (BOUND)	14.308		0.0	0.0	0.0
72	spec. head (BOUND)	10.34		0.0	0.0	0.0
73	spec. head (BOUND)	11.305		0.0	0.0	0.0
76	spec. head (BOUND)	15.59		0.0	0.0	0.0
77	spec. head (BOUND)	17.38		0.0	0.0	0.0
80	spec. head (BOUND)	12.305		0.0	0.0	0.0
81	spec. head (BOUND)	13.57505025126		0.0	0.0	0.0
85	spec. head (BOUND)	16.937		0.0	0.0	0.0
88	spec. head (BOUND)	10.804		0.0	0.0	0.0
89	spec. head (BOUND)	7.871		0.0	0.0	0.0
92	spec. head (BOUND)	20.683		0.0	0.0	0.0
94	spec. head (BOUND)	13.334		0.0	0.0	0.0
95	spec. head (BOUND)	15.872		0.0	0.0	0.0
97	spec. head (BOUND)	12.483		0.0	0.0	0.0
101	spec. head (BOUND)	10.19		0.0	0.0	0.0
102	spec. head (BOUND)	12.483		0.0	0.0	0.0
103	spec. head (BOUND)	15.670326580113		0.0	0.0	0.0
104	spec. head (BOUND)	13.192232159492		0.0	0.0	0.0

图7-8　风险水位（方案三）

7.2.3　地下水涵养效应模拟结果分析

7.2.3.1　不同调度方案的模拟结果分析

1.方案一

按照方案一输入模型,运行 10 年后得到的桓台县地下水位的分布如图 7-9 所示。与

2009年初始地下水位相比,地下水位出现了较为明显的上升,桓台县中西部地下水位由 6 m 上升到 11 m,平均每年增加 0.5 m,由于中西部附近有乌跃进河、西猪龙河、孝妇河等河流,在河流渗漏补给作用下,地下水位较低的区域能够得到有效的补给;东南部部分区域地下水位由 −5 m 上升到 7 m,平均每年上升 1.2 m,这是由于东南部地下水漏斗区附近有红莲湖、涝淄河、乌河、大寨沟等河湖,河网保持在生态保护水位后,在河湖渗漏补给的作用下,地下水位较低的区域能得到有效的补给,且由于南部地下水埋深较大,蒸发排泄量少,补给效果更加明显;桓台县北部地下水位变化不大,这是因为北部河湖密集,分布有马踏湖、小清河、预备河等,且桓台县地势南高北低,雨水在北部汇集,河湖渗漏补给量大,同时地下水通过潜水蒸发排泄,使得北部地下水位常年较稳定。地下水位小于 −2 m 的漏斗面积从 2009 年的 23.05 km² 减少到 2018 年的 9.01 km²,减少了 14.04 km²,平均每年减少 1.404 km²。

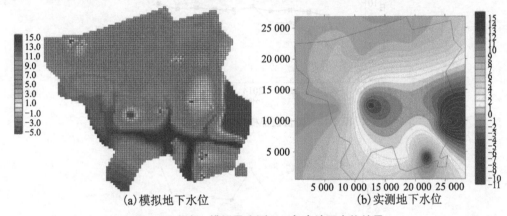

(a)模拟地下水位　　　　　　　　(b)实测地下水位

图 7-9　方案一模拟及实测 2018 年末地下水位结果

与 2018 年末实测地下水位相比,河网连通后保持安全水位对地下水的涵养效果较明显。河网对桓台县中部和东南部补给效果更明显,漏斗区的面积大大减小,整体地下水位上升幅度较大。桓台县北部模拟水位与实测水位几乎一致,均在 7 m 左右;中部模拟水位较实测水位高出 10 m,靠近河流的地区地下水位回升明显;东南部漏斗中心模拟水位较实测水位高出 6 m,但东部漏斗中心的地下水位仍达到 −5 m。

选取桓台县东、南、西、北、中部等典型区域,进行地下水位变化分析,模拟计算的地下水位变化结果如图 7-10 ~ 图 7-14 所示。

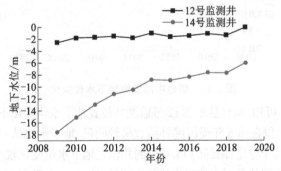

图 7-10　桓台东部模拟地下水位变化情况

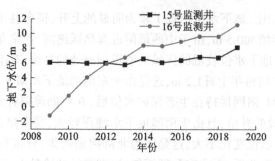

图 7-11　桓台南部模拟地下水位变化情况

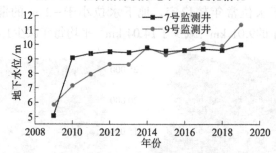

图 7-12　桓台西部模拟地下水位变化

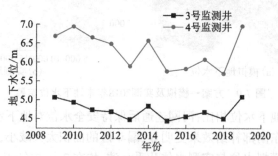

图 7-13　桓台北部模拟地下水位变化

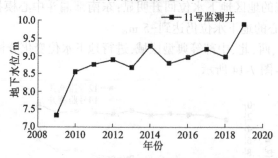

图 7-14　桓台中部模拟地下水位变化

　　由图 7-10~图 7-14 可知,桓台县东部 12 号监测井位置地下水位变化不大,稳定在-2 m 左右,14 号监测井位置地下水位在前 5 年受河网补给效果较明显,地下水位从-18 m 上升至-8 m,后 5 年地下水位缓慢回升,趋于稳定;南部的 15 号监测井位置地下水位变化较小,稳定在 6 m 左右,而相对偏东位置的 16 号监测井地下水位变化趋势较明显,从-1 m 上升到 11 m;西部的 7 号监测井位置第一年地下水位从 5 m 上升到 9 m,河网的补给效果较明显,之后缓慢回升并逐渐趋于稳定。9 号监测井地下水位变化逐年上升,从-1 m 上升到11.5 m;北部的 3 号和 4 号监测井地下水位变化趋势较一致,均呈现波动性下降且变化幅度较小,水位变化小于1 m;中部的 11 号监测井地下水位呈逐年上升趋势,第一年上升1.25 m,之后缓慢上升,相对较稳定。

　　2.方案二

　　按照方案二输入模型,运行 10 年后得到的桓台县地下水位的分布如图 7-15 所示。与2009年初始地下水位相比,地下水位出现了较为明显的上升,桓台县中西部地下水位由 6 m上升到 13 m,平均每年增加0.7 m;东南部部分区域地下水位由−5 m 上升到 9 m,平均每年上升1.4 m;桓台县北部地下水位变化较小,地下水位常年稳定在6.5 m 左右。地下水漏斗区面积缩小明显,地下水位小于−2 m 的漏斗面积从2009年的23.05 km² 减少到2018年的7.68 km²,减少了15.37 km²,平均每年减少1.54 km²。

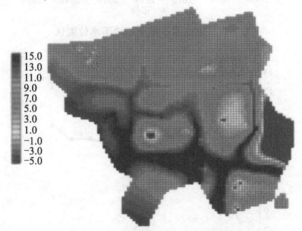

图 7-15　方案二模拟2018年末地下水位结果

　　与2018年末实测地下水位相比,河网连通后在安全水位下对地下水的涵养效果更明显。河网对中西部和东南部补给效果更明显,漏斗区的面积大大减小,整体地下水位回升较多。桓台北部模拟水位与实测水位几乎一致,均在 7 m 左右;中部模拟水位较实测水位高出9 m,靠近河流的地区地下水位回升明显;东南部部分区域模拟水位较实测水位高出 10 m,但东部漏斗中心的地下水位仍达到−5 m。

　　选取桓台县东、南、西、北、中部等典型区域,进行地下水位变化分析,模拟计算的地下水位变化结果如图 7-16~图 7-20 所示。

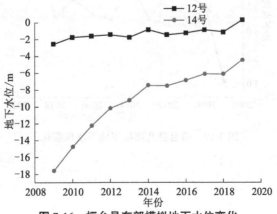

图 7-16　桓台县东部模拟地下水位变化

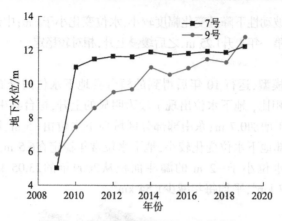

图 7-17　桓台县西部模拟地下水位变化

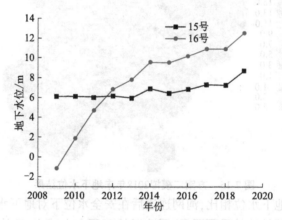

图 7-18　桓台县南部模拟地下水位变化

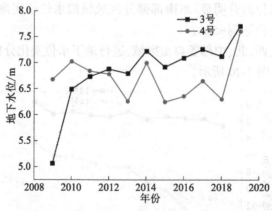

图 7-19　桓台县北部模拟地下水位变化

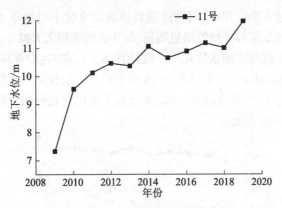

图 7-20 桓台县北部模拟地下水位变化

由图 7-16~图 7-20 可知,桓台县东部 12 号监测井位置地下水位变化不大,稳定在-2 m 左右,14 号监测井位置地下水位受河网补给效果较明显,从-18 m 上升至-4 m,呈现逐年上升的趋势;西部的 7 号监测井位置第一年地下水位从 5 m 上升到 11 m,河网的补给效果较明显,之后缓慢回升并逐渐趋于稳定。9 号监测井地下水位变化逐年上升,从 6 m 上升到 13 m;南部的 15 号监测井位置地下水位变化较小,稳定在 6 m 左右,而相对偏东位置的 16 号监测井地下水位变化趋势较明显,从-1 m 上升到 12 m,呈逐年上升趋势;北部的 4 号监测井地下水位呈波动性下降趋势且变化范围较小,不超过 1 m,3 号监测井地下水位第一年回升较快,之后回升缓慢并趋于稳定;中部的 11 号监测井地下水位呈逐年上升趋势,第一年上升 2 m,之后缓慢上升,相对较稳定。

3.方案三

按照方案三输入模型,运行 10 年后得到的桓台县地下水位的分布如图 7-21 所示。与 2009年初始地下水位相比,地下水位出现了较为明显的上升,桓台县中西部地下水位由6 m 上升到 13 m,平均每年增加0.7 m;东南部部分区域地下水位由-5 m 上升到 10 m,平均每年上升1.5 m;桓台县北部地下水位变化较小,地下水位常年稳定在6.5 m 左右。地下水位小于-2 m 的漏斗面积从2009年的23.05 km² 减少到2018年的7.64 km²,减少了15.41 km²,平均每年减少1.54 km²。

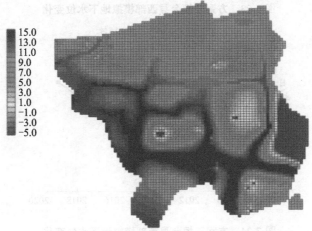

图 7-21 方案三模拟2018年 12 月末地下水位结果

与2018年末实测地下水位相比,河网连通后在风险水位下对地下水的涵养效果更明显。河网对桓台县中西部和东南部补给效果更明显,漏斗区的面积大大减小,整体地下水位回升较多。桓台县北部模拟水位与实测水位几乎一致,均在6.5 m左右;中部模拟水位较实测水位高出10 m,靠近河流的地区地下水位回升明显;东南部模拟水位较实测水位高出11 m。

桓台县东、西、南、北、中部等典型区域,进行地下水位变化分析,模拟计算的地下水位变化结果如图7-22~图7-26所示。

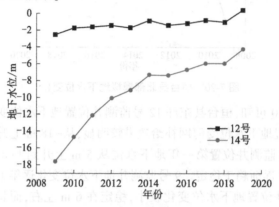

图 7-22　方案三桓台县东部模拟地下水位变化

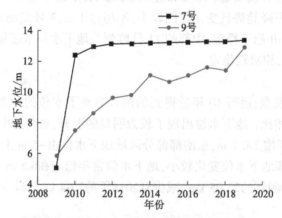

图 7-23　方案三桓台县西部模拟地下水位变化

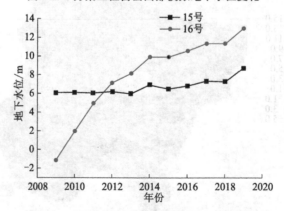

图 7-24　方案三桓台县南部模拟地下水位变化

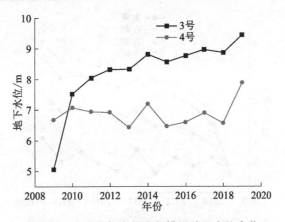

图 7-25　方案三桓台县北部模拟地下水位变化

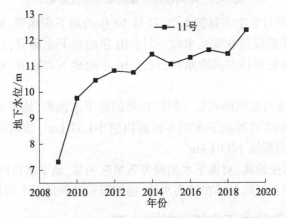

图 7-26　方案三桓台县中部模拟地下水位变化

由图 7-22～图 7-26 可知,桓台县东部 14 号监测井地下水位受河网补给效果较明显,从 −18 m 上升至 −4 m,呈现逐年上升的趋势;西部的 7 号监测井位置第一年地下水位从 5 m 上升到 12 m,河网的补给效果较明显,之后缓慢回升并逐渐趋于稳定。9 号监测井地下水位变化逐年上升,从 6 m 上升到 13 m;南部的 15 号监测井位置地下水位变化较小,稳定在 6 m 左右,而相对偏东位置的 16 号监测井地下水位变化趋势较明显,从 −1 m 上升到 13 m,呈逐年上升的趋势;北部的 4 号监测井地下水位呈波动性变化,但变化范围较小,稳定在 6.5 m 左右,3 号监测井地下水位第一年回升较快,地下水位上升 2.5 m,之后开始缓慢回升;中部的 11 号监测井地下水位呈逐年上升趋势,第一年上升 2.4 m,之后缓慢上升,相对较稳定。

7.2.3.2　不同模拟方案的对比分析

3 种方案模拟及实测的 2009 年 1 月至 2018 年 12 月的地下水位变化情况如图 7-27 所示。

由图 7-27 可知,河网未连通前,10 年内实测的地下水位呈波动性变化,且变化不大。河网连通后,模拟的三种方案地下水位变化趋势较一致,均呈现逐年升高的特点。河网水位保持在生态保护水位时,整体地下水位较实测高出 3 m;河网水位保持在安全水位时,整体地下水位较实测高出 4.5 m,较河网保持在生态保护水位涵养后的地下水位高出 1.5 m;河网水位保持在风险水位时,经过河网对地下水的涵养,地下水位较实测高出 5.5 m,较河网保持在生态保护水位涵养后的地下水位高出 2.5 m,较安全水位涵养后的地下水位高出 1 m。

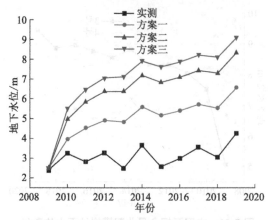

图 7-27　不同模拟方案的地下水位变化

　　调度后河网水位保持在生态保护水位,经过 10 年的地下水涵养,地下水漏斗区面积减少了14.04 km²;河网水位保持在安全水位,经过 10 年的地下水涵养,地下水漏斗区面积减少了15.37 km²;河网水位保持在风险水位,经过 10 年的地下水涵养,地下水漏斗区面积减少了15.41 km²。

　　调度后河网水位保持在风险水位,经过 10 年的地下水涵养,地下水漏斗区面积较河网保持在生态保护水位涵养后的地下水漏斗区面积缩小1.37 km²,较河网保持在安全水位涵养后的地下水漏斗区面积缩小0.04 km²。

　　结果表明,河网水位越高,对地下水的涵养效果越明显,地下水位回升越快,地下水漏斗区面积减小越大,河网长时间保持在较高水位,能够起到涵养地下水的作用。

7.2.4　不同调度方案的地下水涵养效应计算

　　根据模型模拟结果,对 3 种模拟方案下的水量交换进行计算,其中补给项包括大气降水入渗补给、侧向径流补给、河流渗漏补给;排泄项包括人工开采、潜水蒸发。

7.2.4.1　方案一地下水涵养效应计算

　　根据2009—2018年 10 年内降水量的年均值 561 mm,结合当地降水入渗系数为0.25,县域总面积约 500 km²,计算得到年均降水入渗补给量为7 012万 m³;侧向径流补给系数为10 100 m³/d,计算得到侧向径流补给量为 369 万 m³;河流对地下水的补给按照粉砂土侧向渗透系数为 1 m/d、垂向渗透系数为0.2 m/d 计算,通过模型计算得到河水对地下水的补给量为 326 0 万 m³;地表灌溉入渗补给系数取0.25,地表灌溉水量年均值为 6 880 万 m³,计算可得地表灌溉入渗补给量为 1 720 万 m³;人工开采量按照近 3 年平均为 8 700 万 m³;年潜水蒸发量根据模型模拟结果为 1 480 万 m³。方案一模拟的地下水补排量见表 7-13。

表 7-13　方案一模拟年均地下水补排量计算结果　　　　　　　单位:万 m³

补给量		排泄量		均衡差
河流渗漏补给	3 260	潜水蒸发量	1 480	
降水入渗补给	7 012	人工开采量	8 700	
侧向径流补给	369			2 181
地表灌溉入渗补给	1 720			
合计	12 361		10 180	

7.2.4.2　方案二地下水涵养效应计算

以方案二中安全水位为目标水位进行模型模拟后可算出年均地下水补排量,其中降水入渗补给量计算方法同方案一,得到年均降水入渗补给量为 7 012 万 m³,侧向径流补给量为 369 万 m³,河流对地下水的补给量为 4 330 万 m³,年均开采量为 8 700 万 m³,年潜水蒸发量为 1 500 万 m³。方案二模拟的地下水补排量见表 7-14。

表 7-14　方案二模拟年均地下水补排量计算结果　　　　　单位:万 m³

补给量		排泄量		均衡差
河流渗漏补给	4 330	潜水蒸发量	1 500	
降水入渗补给	7 012	人工开采量	8 700	
侧向径流补给	369			3 231
地表灌溉入渗补给	1 720			
合计	13 431		10 200	

7.2.4.3　方案三地下水涵养效应计算

以方案三中风险水位为目标水位进行模型模拟后可算出年均地下水补排量,年均降水入渗补给量为 7 012 万 m³,侧向径流补给量为 369 万 m³,河网对地下水的补给量为 4 770 万 m³,年均开采量为 8 700 万 m³,年潜水蒸发量为 1 500 万 m³。方案三模拟的地下水补排量见表 7-15。

表 7-15　方案三模拟年均地下水补排量计算结果　　　　　单位:万 m³

补给量		排泄量		均衡差
河流渗漏补给	4 770	潜水蒸发量	1 500	
降水入渗补给	7 012	人工开采量	8 700	
侧向径流补给	369			3 671
地表灌溉入渗补给	1 720			
合计	13 871		10 200	

模拟的 3 种方案下,河网对地下水补给量的变化如图 7-28 所示。

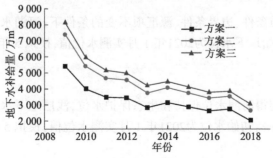

图 7-28　不同方案模拟的地下水补给量变化

由图 7-28 可知,调度后河网保持在不同水位时,对地下水的涵养效果是不同的,河网对地下水的补给量呈现逐年下降的趋势,第一年的补给量最多,之后逐年减少,并逐渐趋于稳定,表明地下水位较低时,河网对地下水的补给量较多,且补给效果也较明显;河网水位较高时,对地下水的补给较多,3 种方案下的地下水补排量均衡差逐渐增大,表明地下水补给量也逐渐增加。各个方案地下水年均补给量分别为 12 361 万 m^3、13 431 万 m^3、13 871 万 m^3,降雨入渗补给所占比例分别为 56.7%、52.2%、50.6%,河网渗漏补给量所占比例分别为26.4%、32.2%、34.4%,可见桓台县地下水的补给来源主要是降雨入渗补给,其次是河网渗漏补给。

调度后河网保持在生态保护水位,河网对地下水的年均补给量为 3 260 万 m^3,河网保持在安全水位时,河网对地下水的年均补给量为 4 330 万 m^3,较河网保持在生态保护水位对地下水的补给量增加 1 070 万 m^3;河网保持在风险水位时,对地下水的年均补给量为 4 770 万 m^3,较河网保持在生态保护水位时的补给量增加 1 510 万 m^3,较河网保持在安全水位时的补给量增加 440 万 m^3,随着河网水位的上升,对地下水的补给量也逐渐增加。

7.3　不同情景下的地下水涵养效应预测

地下水涵养效应预测是在拟订不同河网调蓄方案及地下水压采的情况下,综合研究区的水文地质条件、源汇项、边界条件等因素,运用识别验证的模型,预测一定时间内地下水位的变化趋势和规律,分析地下水涵养效果。

水源置换是通过实施雨洪资源利用,引入并充分利用客水资源,将一定比例的地下水供水量改由地表水提供,达到减少地下水开采的目的。水源置换可以通过以下方案实现:一是通过河湖连通等雨洪资源利用工程,进行雨洪资源的利用;二是通过建设或提升引黄工程配套工程,提升对黄河水的引蓄能力。

7.3.1　不同情景方案的确定

7.3.1.1　**情景一**

在研究区水文地质条件、边界条件、源汇项不变的条件下,河湖水网调度后使得河网水位保持在生态保护水位,初始地下水位为2021年 1 月实测水位值,模拟 5 年后河湖水网对地下水的涵养情况。

7.3.1.2　**情景二**

在研究区水文地质条件、边界条件、源汇项不变的条件下,河湖水网调度后使得河网水位保持在风险水位,初始地下水位为2021年 1 月实测水位值,模拟 5 年后河湖水网对地下水的涵养情况。

7.3.1.3　**情景三**

河湖水网调度后使得河网水位保持在生态保护水位,浅层地下水人工开采的置换比例设置为 10%、20%和 30%,初始水位为2021年 1 月实测水位值,模拟 5 年后河湖水网对地下水的涵养情况。

7.3.1.4　**情景四**

根据不同水平年汛期、非汛期河网调度优化方案中模拟计算的 3 种方案,进行不同水平年河网调度后对地下水涵养效应的模拟预测,初始水位为2021年1月实测水位值,模拟1年后河网对地下水的涵养情况。

7.3.2　不同情景的地下水涵养效应模拟

7.3.2.1　情景一

1.初始条件和模拟时段的确定

根据已有的地下水资料,选择2021年1月的地下水观测水位作为模拟时段的初始水位,对其进行插值后得到浅层地下水位的初始水位分布,如图 7-29 所示。模拟预测时长为 5年,即2021—2025年。

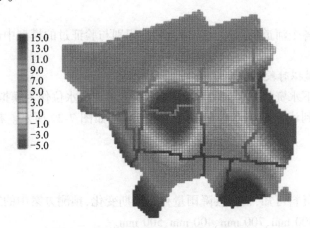

图 7-29　桓台县2021年1月实测地下水位

2.源汇项设定

1)降雨入渗

根据历年降雨资料可知,桓台县降雨量存在周期变化,预测方案中的2021—2025年降雨量分别为 600 mm、400 mm、700 mm、400 mm、500 mm。

2)人工开采

采用近 3 年的年均开采量平均值为 8 700 万 m³。其中,农业灌溉年均开采量为 6 880万 m³,生活用水年均开采量为 1 100 万 m³,工业用水年均开采量为 720 万 m³。

3)地表灌溉入渗

地表灌溉量为近几年的农业灌溉量平均值,地表入渗系数采用模型率定值。

4)河网入渗

将河网调度后各个河道的生态保护水位输入到已识别与验证过的模型中进行方案的模拟。

7.3.2.2　情景二

1.初始条件和模拟时段的确定

根据已有的地下水资料,选择2021年1月的地下水观测水位作为模拟时段的初始水位,对其进行插值后得到浅层地下水位的初始水位分布如图 7-29 所示。模拟预测时长为 5 年,即2021—2025年。

2.源汇项设定

1)降雨入渗

根据历年降雨资料可知,桓台县降雨量存在周期变化,预测方案中的2021—2025年降雨量分别为 600 mm、400 mm、700 mm、400 mm、500 mm。

2)人工开采

采用近 3 年的年均开采量平均值为 8 700 万 m³。其中,农业灌溉年均开采量为 6 880 万 m³,生活用水年均开采量为 1 100 万 m³,工业用水年均开采量为 720 万 m³。

3)地表灌溉入渗

地表灌溉量为近几年的农业灌溉量平均值,地表入渗系数采用模型率定值。

4)河网入渗

将河网调度后各个河道的风险水位输入到已识别与验证过的模型中进行方案的模拟。

7.3.2.3　情景三

1.初始条件和模拟时段的确定

根据已有的地下水资料,选择2021年1月的地下水观测水位作为模拟时段的初始水位,对其进行插值后得到浅层地下水位的初始水位分布,如图 7-29 所示。模拟预测时长为 5 年,即2021—2025年。

2.源汇项设定

1)降雨入渗

根据历年降雨资料可知,桓台县降雨量存在周期变化,预测方案中的2021—2025年降雨量分别为 600 mm、400 mm、700 mm、400 mm、500 mm。

2)人工开采

工业与生活用水按照水源置换比例进行计算,10%、20%和30%的水源置换比例下的人工开采量分别为 8 518 万 m³、8 336 万 m³ 和 8 154 万 m³。

3)地表灌溉入渗

地表灌溉量为近几年的农业灌溉量平均值,地表入渗系数采用模型率定值。

4)河网入渗

将河网调度后各个河道的生态保护水位输入到已识别与验证过的模型中进行方案的模拟。

7.3.2.4　情景四

1.初始条件和模拟时段的确定

根据已有的地下水资料,选择2021年1月的地下水观测水位作为模拟时段的初始水位,对其进行插值后得到浅层地下水位的初始水位分布,模拟预测时长为 1 年。

2.源汇项设定

1)降雨入渗

根据历年降雨资料,推求桓台县在丰水年、平水年、枯水年的降水量。预测方案中丰水年的降水量为 625 mm,平水年的降水量为 474 mm,枯水年的降水量为 362 mm。

2)人工开采

根据历年开采量资料,拟定丰水年开采量为 7 500 万 m³,平水年开采量为 8 700 万 m³,枯水年开采量为 11 000 万 m³。

3）地表灌溉入渗

地表灌溉量为各个水平年对应的农业灌溉量平均值,地表入渗系数采用模型率定值。

4）河网入渗

将各个河道的调度方案模拟计算的水位输入到已识别与验证过的模型中进行方案的模拟。

7.3.3 模拟预测结果分析

7.3.3.1 情景一

按照情景一的方案运行数值模拟模型,可以得到5年后地下水位分布,如图7-30所示。与2021年1月的初始地下水位相比,经过河网水位的补给,地下水位回升较明显,地下水漏斗区面积大大减小,中部漏斗区基本消失,东部漏斗区面积也缩小明显。地下水位小于−2 m的漏斗区面积从2021年初的22.31 km²减少到2025年末的7.55 km²,减少了14.76 km²,平均每年减少2.95 km²。

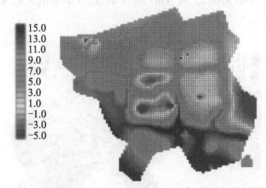

图7-30 情景一模拟预测的2025年末地下水位结果

调度后河网保持在生态保护水位,经过5年的地下水涵养,模拟预测的地下水位变化如图7-31所示。

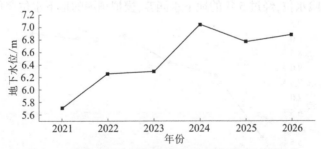

图7-31 情景一模拟预测的2021—2026年地下水位变化

由图7-31可知,在前3年,随着河网对地下水的涵养,地下水位上升明显,从5.7 m回升至7.0 m,之后开始出现轻微下降,并逐渐趋于稳定,说明地下水位补排达到了平衡状态,地下水位稳定在6.8 m左右。5年后地下水位上升1.18 m,年均上升0.24 m。

情景一模拟后可算出年均地下水补排量,其中年均降水入渗补给量为6 500万 m³;侧向径流补给为1.01万 m³/d,计算得到侧向径流补给量为369万 m³;河网对地下水的年均补给量为3 450万 m³;地表灌溉入渗补给量为1 720万 m³;人工开采量取近3年平均值,为8 700万 m³;年潜水蒸发量根据模型计算为1 490万 m³。通过计算得到补排均衡差为1 849万 m³。地下水补排量计算结果见表7-16。

表 7-16　情景一地下水补排量计算　　　　　　　　　　单位:万 m³

补给量		排泄量		均衡差
河网渗漏补给	3 450	潜水蒸发量	1 490	
降水入渗补给	6 500	人工开采量	8 700	
侧向径流补给	369			1 849
地表灌溉入渗补给	1 720			
合计	12 039		10 190	

7.3.3.2　情景二

按照情景二的方案运行数值模拟模型,可以得到 5 年后地下水位分布如图 7-32 所示。与 2021 年 1 月的初始地下水位相比,经过河网水位的补给,地下水位回升较明显,地下水漏斗区面积大大减小,中部漏斗区基本消失,东部漏斗区面积也缩小明显。地下水位小于 −2 m 的漏斗区面积从 2021 年初的 22.31 km² 减少到 2025 年末的 5.82 km²,减少了 16.49 km²,平均每年减少 3.30 km²。

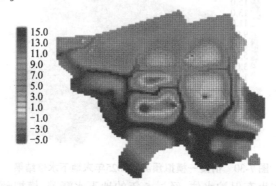

图 7-32　情景二模拟预测的 2025 年末地下水位结果

河网保持在风险水位,经过 5 年的地下水涵养,模拟预测的地下水位变化如图 7-33 所示。

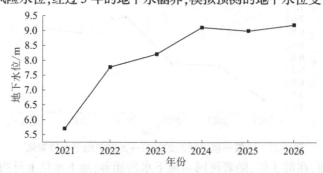

图 7-33　情景二模拟预测的 2021—2025 年地下水变化

由图 7-33 可知,在前 3 年,随着河网对地下水的涵养,地下水位上升明显,从 5.7 m 回升到 9.1 m,之后开始逐渐趋于稳定,说明地下水位补排达到了动态平衡状态,稳定地下水位较情景一提高 2.3 m。5 年后地下水位上升 3.49 m,年均上升 0.7 m。

情景二模拟后可算出年均地下水补排量,见表 7-17。其中年均降水入渗补给量为 6 500 万 m³;侧向径流补给量为 369 万 m³;河网对地下水的年均补给量为 5 290 万 m³,较情景一增加 1 840 万 m³;灌溉入渗补给和人工开采量分别为 1 720 万 m³ 和 8 700 万 m³;年潜水蒸发量为 1 510 万 m³。

表 7-17　情景二地下水补排量计算　　　　　　　　单位:万 m³

补给量		排泄量		均衡差
河网渗漏补给	5 290	潜水蒸发量	1 510	
降水入渗补给	6 500	人工开采量	8 700	
侧向径流补给	369			3 669
地表灌溉入渗补给	1 720			
合计	13 879		10 210	

7.3.3.3　情景三

将各个水源置换方案输入模型,运行 5 年后得到地下水位的分布,如图 7-34 所示。可以看出,水源置换比例越大,5 年后的地下水位越高,由于水源置换在整个区域上是均匀的,相应的地表灌溉入渗补给量的变化在整个区域上也是均匀的,所以可看到不同置换方案下的地下水位分布图是相似的。由图 7-34 和表 7-18 可知,10%水源置换方案下,地下水位小于-2 m 的漏斗区面积从 2021 年初的 22.31 km² 减少到 2025 年末的 7.32 km²,减少了14.99 km²,年均减少3.0 km²,相比基准方案(情景一)增加了 1.69%;20%水源置换方案下,地下水位小于-2 m 的漏斗区面积从 2021 年初的 22.31 km² 减少到 2025 年末的 7.12 km²,减少了15.19 km²,年均减少3.04 km²,相比基准方案增加了 3.05%;30%水源置换方案下,地下水位小于-2 m 的漏斗区面积从 2021 年初的 22.31 km² 减少到 2025 年末的 6.99 km²,减少了15.32 km²,年均减少3.06 km²,相比基准方案增加了3.73%。

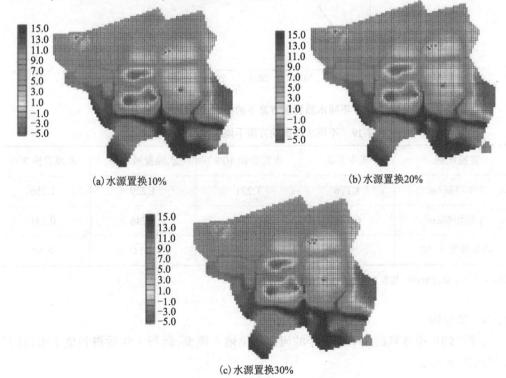

(a)水源置换10%　　　　　　　　　　　(b)水源置换20%

(c)水源置换30%

图 7-34　不同水源置换比例下2025年末地下水位分布

表 7-18　不同水源置换方案下地下水位小于−2 m 的漏斗区面积减幅

置换方案	基本方案	水源置换 10%	水源置换 20%	水源置换 30%
5 年减幅/km²	14.76	14.99	15.19	15.32
年均减幅/km²	2.95	3.0	3.04	3.06
修复效果*/%	—	1.69	3.05	3.73

注:*地下水位小于−2 m 的漏斗区面积减幅相比基准方案漏斗区面积减幅的增加程度。

不同水源置换比例下的年均地下水位变化趋势如图 7-35 所示。由图 7-35 可知,随着水源置换比例的增大,地下水位增加的幅度逐渐增加。10% 水源置换方案下,5 年间地下水位会上升 1.221 m,平均每年上升 0.244 m,上升幅度较基本方案增加 3.83%;20% 水源置换方案下,5 年间地下水位会上升 1.229 m,平均每年上升 0.246 m,上升幅度较基本方案增加 4.51%;30% 水源置换方案下,5 年间地下水会上升 1.256 m,平均每年上升 0.251 m,上升幅度较基本方案增加 6.80%,见表 7-19。

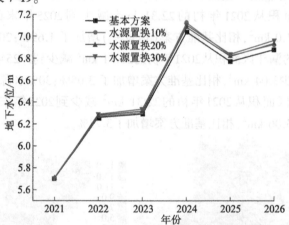

图 7-35　不同水源置换方案下的桓台县地下水位的变化

表 7-19　不同水源置换方案下地下水涵养效果统计

置换比例	基本方案	水源置换 10%	水源置换 20%	水源置换 30%
5 年增幅/m	1.176	1.221	1.229	1.256
年均增幅/m	0.235	0.244	0.246	0.251
涵养效果*/%	—	3.83	4.51	6.80

注:*地下水位增幅相比基本方案地下水位增幅的增加幅度。

7.3.3.4　情景四

将情景四模拟计算的 3 个水平年的河道水位输入模型,运行 1 年后得到地下水位的分布,如图 7-36 所示。

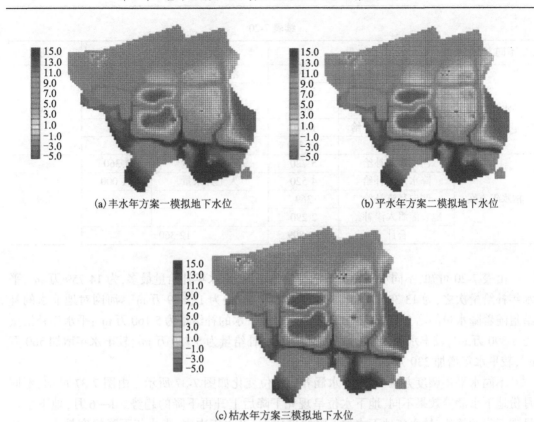

(a)丰水年方案一模拟地下水位　　　　　　　　　(b)平水年方案二模拟地下水位

(c)枯水年方案三模拟地下水位

图 7-36　情景四不同水平年模拟地下水位分布

由图 7-36 可知,与2021年初始地下水位相比,在经过不同水平年河网的涵养后,桓台中部和东南部地下水漏斗区面积缩小,整体地下水位出现回升,河网对地下水的涵养效果较明显,其中丰水年漏斗区面积缩小比例最大,平水年次之,枯水年漏斗区面积缩小比例最小。丰水年调度方案下,地下水位小于−2 m 的漏斗区面积从2021年初的22.31 km² 减少到2021年末的11.94 km²,减少了10.37 km²;平水年调度方案下,地下水位小于−2 m 的漏斗区面积从2021年初的22.31 km² 减少到2021年末的14.37 km²,减少了7.94 km²;枯水年调度方案下,地下水位小于−2 m 的漏斗区面积从2021年初的22.31 km² 减少到2021年末的17.37 km²,减少了4.94 km²。

情景四不同水平年模拟计算的地下水补排量结果见表 7-20。

表 7-20　情景四不同水平年地下水补排量计算结果　　　　单位:万 m³

不同方案	补给量		排泄量		均衡差
丰水年方案	河网渗漏补给	5 160	潜水蒸发量	1 400	5 859
	降水入渗补给	7 810	人工开采量	7 500	
	侧向径流补给	369			
	地表灌溉入渗补给	1 420			
	合计	14 759		8 900	

续表 7-20

不同方案	补给量		排泄量		均衡差
平水年方案	河网渗漏补给	5 390	潜水蒸发量	1 390	3 309
	降水入渗补给	5 920	人工开采量	8 700	
	侧向径流补给	369			
	地表灌溉入渗补给	1 720			
	合计	13 399		10 090	
枯水年方案	河网渗漏补给	5 720	潜水蒸发量	1 360	539
	降水入渗补给	4 520	人工开采量	11 000	
	侧向径流补给	369			
	地表灌溉入渗补给	2 290			
	合计	12 899		12 360	

由表 7-20 可知,不同水平年地下水补给量不同,丰水年补给量最多,为 14 759 万 m³,平水年补给量次之,为 13 399 万 m³,枯水年补给量最少,为 12 899 万 m³。河网对地下水的补给量随着降水量的增多而减少,丰水年河网对地下水的补给量为 5 160 万 m³;平水年补给量为 5 390 万 m³,较丰水年增加 230 万 m³;枯水年补给量为 5 720 万 m³,较丰水年增加 560 万 m³,较平水年增加 330 万 m³。

不同水平年调度方案下,地下水涵养后水位变化如图 7-37 所示。由图 7-37 可知,不同月份地下水涵养效果不同,地下水位呈现先下降后上升再下降的趋势。1—6 月,地下水位呈现下降的趋势,枯水年地下水位下降幅度较大,平水年次之,丰水年下降幅度最小;6—10月,地下水位呈现逐渐上升的趋势,丰水年地下水位上升幅度最大,平水年次之,枯水年最小;10 月至 12 月底,地下水位呈现下降的趋势,其中丰水年地下水位最高,平水年次之,枯水年最低。不同水平年地下水位变化趋势表明,地下水位变化不仅受河网补给水位的影响,还与降雨量、开采量有关。汛期降雨量较多,地下水位出现回升,非汛期降雨量较少,地下水位出现下降的趋势。

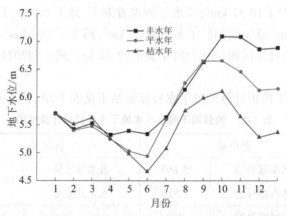

图 7-37　情景四模拟的不同水平年调度方案地下水位变化

经过河网调度涵养地下水后,丰水年地下水位变化幅度较大,地下水位年均上升1.18 m;平水年次之,地下水位年均上升0.45 m;枯水年变化幅度最小,地下水位年均下降0.34 m。

7.4 提升河湖水网对地下水涵养效应的对策

7.4.1 地下水涵养的准则

（1）地下水利用约束准则。

"涵养水源"并不是水量越多越好,无论地表水还是地下水,在超出一定警戒线之外,不能称其为"资源",而是灾害[107]。因此,进行地下水涵养,必须在不产生环境地质灾害的条件下储存和再分配水源。

（2）多源水优化利用准则。

桓台县分配的引黄指标为 9 220 万 m^3,由于缺乏黄河水的调蓄工程,桓台县现状年引入黄河水量按近年较大实际引黄水量计算,为 6 564 万 m^3。在多源水的条件下,地下水涵养的基本准则是:尽可能地充分利用引黄水满足供水任务;综合考虑外源水的丰枯变化和受水区降水、地表水、地下水的年际变化与年内变化,做到多源水联合调蓄和调控,地表调蓄和地下调蓄有机互补;地下水减少开采,修复地下水环境,在外源水不能保证供给时适当开采地下水。

7.4.2 提升地下水涵养效应的对策

基于地下水涵养效应模拟预测结果可知,在保障区域河网防洪安全与生态安全的前提下,河网保持在较高水位对地下水涵养效果更好;通过水源置换减少地下水的开采也可实现提升地下水涵养效应的目的。因此,在主汛期为了防洪安全可降低河网水位,在汛末应尽可能地拦截雨洪水资源,在非汛期可通过调度黄河水来提升河网对地下水的涵养效应;在地表水较充足的条件下,可通过水源置换减少地下水的开采量来提升河网对地下水的涵养效果。

提升地下水涵养效应的对策主要包括以下几个方面:

（1）雨洪资源的利用——直接补给。

雨洪资源对地下水的补给是不可忽视的地下水涵养模式。暴雨之后通过地表汇水,集中入渗补给对地下水资源形成具有重要作用。这种调蓄方式关键是选择地表入渗场地,在可能的情况下采取适当的工程措施,拦蓄和滞留雨洪资源进行地下水入渗补给,能够显著增加地下水储量,实现恢复地下水环境的目的。汛末可在桓台县东南部地下水漏斗区附近选取有条件的河道或洼地建设非常规水利用工程等进行拦蓄和滞留雨洪资源,并通过设置河湖水网内水闸开度进行拦蓄水资源,实现地下水的涵养。

（2）减采地下水——间接补给。

减少地下水开采量是涵养地下水的主要途径,其方法简易、经济实用,关键问题在于减采区和减采量的控制。减少开采地下水的区域和数量依据超采区的情况来确定。根据情景三不同压采情况下的地下水涵养效果预测可知,通过减少地下水的开采可缓解地下水漏斗区的扩大,加快地下水回升的幅度,达到涵养地下水的目的。地下水减采可通过工业、农业等方面的节水来减少地下水的开采,实现对地下水超采的压采。

实行地表水和地下水联合调度,严格控制地下水的开采量,对区域地下水漏斗区治理具有重要意义。随着桓台县河湖水网的连通,地表水量有所增加,采用地表水进行地下水的补给和置换,对恢复地下水位、改善生态环境具有积极效应。

（3）引黄水资源利用——直接补给。

利用引黄水进行地下水涵养是对区域水资源补充较为有利的方案,非汛期黄河丰水时,通过引黄渠道调度一部分黄河水到河网对本地区地下水进行渗漏补给,这种模式的关键问题是输水渠的输水能力。非汛期河网调度涵养地下水时结合每年的引黄指标和引水量情况,通过引黄干渠进行引水,使得河网保持在较高水位,既可形成短期的地表水环境,又可达到涵养地下水的目的。在地表水较丰的年份,可以多调一些引黄水使得河网水位较高,从而更好地涵养地下水;在地表水较枯的年份,可以少调一些引黄水,使得河网水位保持在生态保护水位,保障河道生态用水和涵养地下水的需求。

由于部分引黄工程引蓄能力有限,可建设部分引黄提升工程,通过对原有引黄工程进行改造和新建引黄工程,提升对黄河水的引蓄能力,提高河网的水位进行地下水的补给涵养。

7.5　本章小结

本章在区域地质结构对降雨入渗影响研究的基础上,分析了不同雨强和不同初始含水率下的降雨与水网入渗差异,运用数值模拟分析方法,分析了河道地表水与地下水转换量、水源置换量等。结果表明:前期影响雨量较大时,土壤亏缺量小,同样的降雨所引起的地下水补给量较大,初始含水量小时,土壤亏损量大,同样的降雨所引起的地下水补给量较小。2016—2018年地表水与地下水的转化量变化幅度较大,均值为 4 752 万 m^3,最大转换量为2017年的8 622 万 m^3,最小的为2018年的1 528 万 m^3。

基于不同的地下水涵养方案,模拟了不同特征水位下桓台县地下水位在 10 年内的变化,将模拟结果与2018 年实测地下水位相比,分析了河网水系连通后地下水位的变化以及涵养效果,经过 10 年的涵养后,河网保持在生态保护水位、安全水位和风险水位时,地下水位均值分别上升了4.06 m、5.84 m 和6.60 m,地下水漏斗区面积分别减少了14.04 km^2、15.37 km^2 和15.41 km^2,河网对地下水的补给量分别为 3 260 万 m^3、4 330 万 m^3和4 770 万 m^3。

基于不同情景的地下水涵养方案,对 5 年后地下水位涵养效果进行了预测,给出了不同情景下的地下水涵养效果,河网保持在生态保护水位、风险水位时,地下水位均值分别会上升1.18 m 和3.49 m,地下水漏斗区面积分别会减少14.76 km^2 和 16.49 km^2,河网对地下水的补给量分别为 3 450 万 m^3 和 5 290 万 m^3;随着水源置换比例的增大,地下水位均值上升的幅度逐渐增加,水源置换比例为 10%、20%和30%时,地下水位分别会上升1.221 m、1.229 m 和1.256 m;基于汛末和非汛期的河网调度,丰水年、平水年地下水位分别会上升1.18 m 和0.45 m,枯水年地下水位下降0.34 m。

综合地下水涵养方案及模拟结果,提出了提升地下水涵养效应的对策,可为其他类似区域的地下水涵养方式的选取提供借鉴。

第 8 章　河湖水网多维联合调度与地下水保护系统功能模块研发

8.1　系统模块架构设计整体思路

研究区为整个桓台县,总体目标是以水资源结构分解模型、河湖水系多维仿真调度模型为基础,研发区域水网联合调度模块;运用数值模拟方法,以地下水涵养模型为基础,进行地下水保护涵养模块研发,模型能够进行不同河网调度方案下的地下水涵养效果预测。整个模块的研发是基于 Matlab 软件,全面完成该模块研发所需的技术,包括水文模型计算原理、水动力学理论、数据存储与优化及图像处理等。模块需要的基本资料包括研究区内河网水系资料、各闸站调度控制资料、河道断面资料、水资源结构分解特征水位、水网调度方案、模型率定参数资料等。水网调度与地下水涵养模块的研发可为亚洲开发银行地下水治理项目信息化系统的开发提供功能模块支撑。模块整体框架如图 8-1 所示。

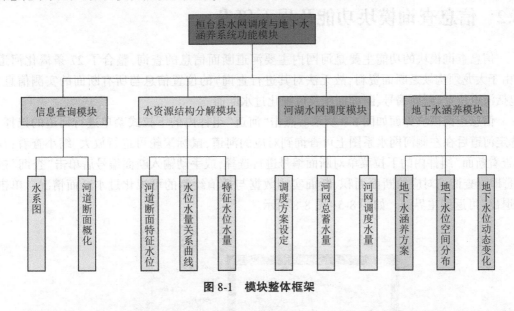

图 8-1　模块整体框架

水网调度与地下水涵养系统功能模块包括信息查询、水资源结构分解模块、河湖水网调度模块及地下水涵养模块,共 4 个子模块,其主界面如图 8-2 所示。用户通过左上角菜单的模块窗口可以分别进入子模块,如图 8-3 所示;单击"退出"按钮即可结束运行。

图 8-2　模块主界面

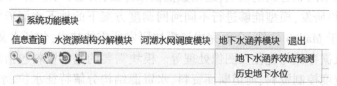

图 8-3　窗口模块

8.2　信息查询模块功能及界面研发

信息查询模块的功能主要是河网内主要河道断面信息的查询,整合了 27 条概化河道(由于大龙须沟缺乏断面资料,故无法对其进行查询)的位置信息与所有断面的实测信息,包括河道位置、断面编号、断面面积及可视化过水断面。

信息查询模块界面如图 8-4 所示。点击"河道"组件内的下拉式菜单进行河道的选择,选定河道后在左侧河网水系图上可查询到对应的河道,鼠标滚轮可进行放大、缩小查看;在"查看断面"组件内的下拉菜单对断面编号进行选择,或手动输入断面编号后单击"查询"按钮,即可查询到对应的断面面积、断面实测数据与插值绘制的可视化过水断面情况。单击"退出"可返回主界面。如图 8-5~图 8-8 所示。

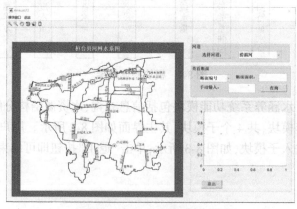

图 8-4　信息查询模块界面

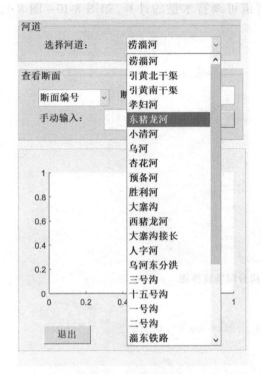

图 8-5　可选择河道

图 8-6　显示概化河道位置

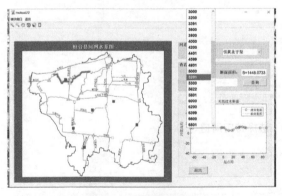

图 8-7　选择断面查询

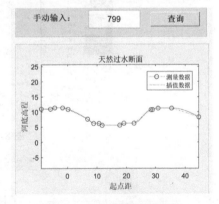

图 8-8　输入断面编号查询

8.3　水资源结构分解模块功能及界面研发

水资源结构分解模块的功能是计算桓台县内 28 条概化河道水量与水位的对应关系;在此基础上,根据四类水量的定义,选择特定河道的特征水位,计算得到河道上下游对应的水位、水深及特征水量。界面如图 8-9 所示。

在该子模块中,用户要首先在下拉菜单中选择需要计算的特定河道,在点击"绘制曲线"后,可得到所选河道的水位-水量关系曲线。在"查询"组件内可通过拖动滑块或手动输入任意水深后单击"输入查询"按钮,可计算得到对应的水量;也可选中"反查"复选框进行反查,根据水量进行水深的计算,便于进行河道可调蓄水量的计算,如图 8-10 ~ 图 8-12 所示。

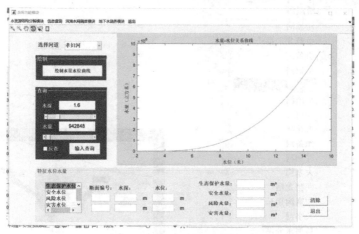

图 8-9　水资源结构分解模块界面

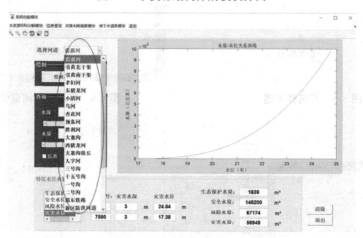

图 8-10　选择特定河道

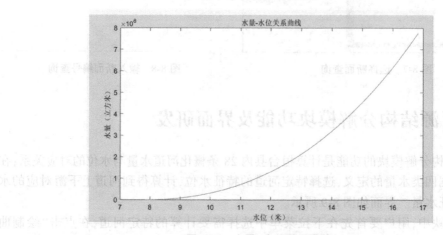

图 8-11　水量-水位关系曲线

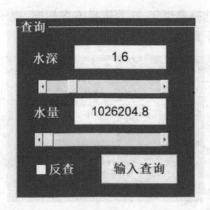

图 8-12　水深、水量的计算与查询

　　点击特征水位水量中任一水位,可得到河道上下游对应的水深、水位及特征水位对应的特征水量。如选择涝淄河,在特征水位水量中选择安全水位,可通过计算给出预备河上下游对应的水位、水深以及风险水量。单击"清除"可清空文本框内数据;单击"退出"即可返回主界面,如图 8-13 所示。

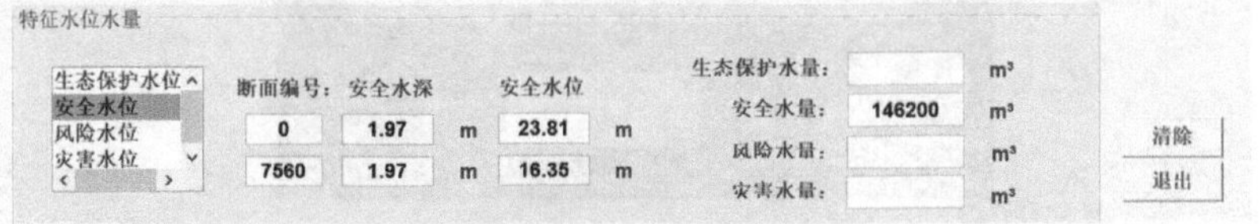

特征水位水量								
生态保护水位 ^	断面编号:	安全水深		安全水位		生态保护水量:		m³
安全水位						安全水量:	146200	m³
风险水位	0	1.97	m	23.81	m	风险水量:		m³	清除
灾害水位 ∨	7560	1.97	m	16.35	m	灾害水量:		m³	退出

图 8-13　特征水位、水量的计算

8.4　河湖水网调度模块功能及界面研发

　　水网调度模块的功能主要是进行调度方案的设计,生成调度方案,接着进行河网蓄水量及河网调度需水量计算。方案设计内容包括选择典型年、标准方案、输入闸门开度下调值,点击生成调度方案按钮,在右侧框中即可显示方案具体内容。点击打开模型按钮,即可打开Mike11 模型界面。

　　水网调度模块界面如图 8-14 所示。

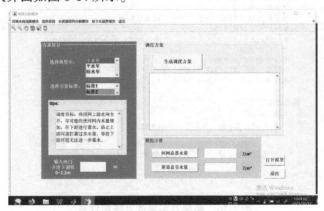

图 8-14　水网调度模块界面

调度方案的设计:首先选择典型年,接着选择方案标准,提示框中会显示对应标准方案的内容,最后输入闸门开度下调值,如图 8-15 所示。

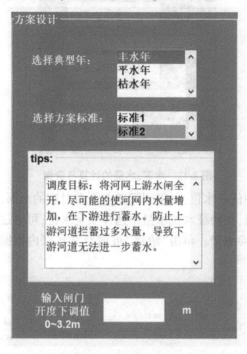

图 8-15　调度方案设计

输入闸门开度下调值后,点击生成调度方案,下面方框中会显示具体方案设计情况,接着点击河网总蓄水量,即可得到河网蓄水总量计算结果,点击河网调度需水量,即可得到为了涵养保护地下水应引入河网的水量,如图 8-16 所示。单击"退出"即可返回主界面。

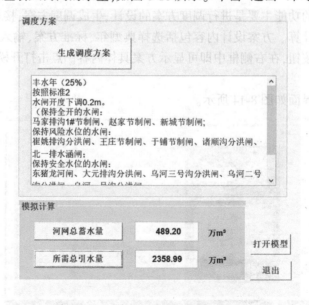

图 8-16　调度方案生成及模拟计算

8.5　地下水涵养效应模块及界面研发

地下水涵养模块主要包括两大方面,一是整合了2000—2021年对应的实际地下水位情况,对各年的实测地下水位数据进行可视化处理,根据数据插值绘制桓台县地下水位三维立体图以及历年的地下水位动态变化情况;二是根据地下水涵养方案,对未来5年进行地下水位的预测,包括不同涵养方案对应的2021—2025年预测的地下水位、不同年份预测的地下水位动态变化分布情况和各个监测井位置预测的地下水位情况。

地下水涵养模块中历史地下水位子模块界面如图 8-17 所示。

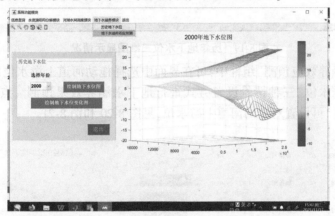

图 8-17　地下水涵养模块中历史地下水位子模块界面

在"历史地下水位"组件中选择2014年,点击"绘制地下水位图",右侧即可显示2014年地下水位三维图,如图 8-18 和图 8-19 所示;点击"绘制地下水位变化图"即可绘制2000—2021年历年地下水位动态变化图,并输出为 GIF 格式图。

图 8-18　选择年份

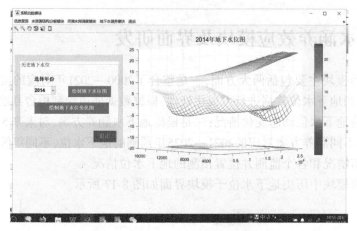

图 8-19　历年地下水位三维图显示情况

在"地下水涵养效应预测"组件中,可在界面中选择拖动河道上游水位滑条或导入水位文件或选择"特殊水位"三种情景设置方式进行地下水涵养效果预测。点击"输入水位文件"选择水位文件,可设置对应的河道上游水位,见图 8-20 和图 8-21。

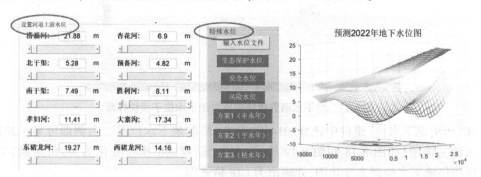

图 8-20　模拟情景设置

图 8-21　选择输入水位文件

选择情景设置方式后,接着选择预测年份,点击"预测地下水位图"按钮,即可显示该情景对应年份的地下水位分布图以及地下水位观测点预测的水位值。点击"清除图像"可对图像进行清理以便重新绘制,如图 8-22、图 8-23 所示。

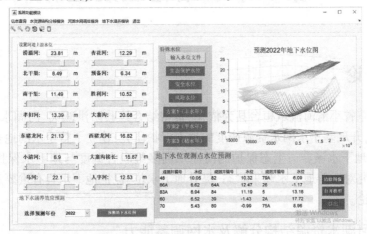

图 8-22 不同情景设置方式对应的地下水位预测显示情况

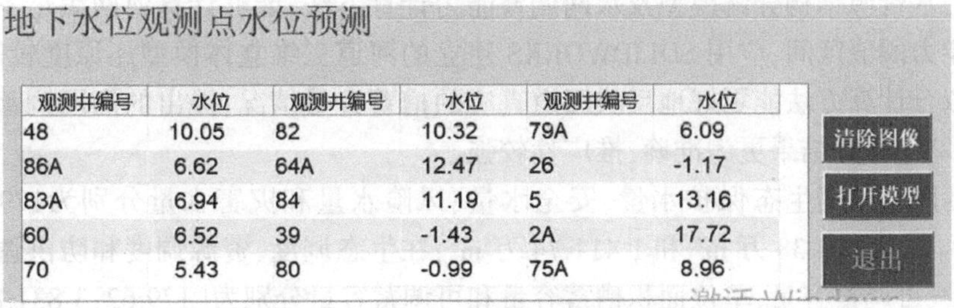

地下水位观测点水位预测

观测井编号	水位	观测井编号	水位	观测井编号	水位
48	10.05	82	10.32	79A	6.09
86A	6.62	64A	12.47	26	-1.17
83A	6.94	84	11.19	5	13.16
60	6.52	39	-1.43	2A	17.72
70	5.43	80	-0.99	75A	8.96

清除图像
打开模型
退出

图 8-23 地下水位观测点预测水位表

单击"打开模型"可打开 GMS 模型界面,单击"退出"返回主界面。

8.6 本章小结

基于研究区域水资源结构分解及河湖水网调蓄能力研究、水网联合调度关键技术与地下水涵养效应研究理论及成果,借助 Matlab 软件,将相关的研究成果进行集成及可视化展示,研发区域水网多维联合调度与地下水保护的系统功能模块,主要包括信息查询模块、水资源结构分解模块、河湖水网调度模块和地下水涵养 4 个模块,该系统模块的研发可为亚洲开发银行地下水治理项目信息化系统的开发提供功能模块支撑。

第9章　结论及展望

9.1　结　论

本书以山东省小清河流域桓台县为依托,紧密结合该县防洪减灾、河湖水网生态、地下水保护等任务,开展基于水网水资源调度的地下保护研究,建立了整个水网地表水的多维耦合模拟-调度-地下水涵养与生态保护的河湖水网多维联合调度与地下水保护的一整套链条技术。该研究对改善地下水超采状态、提升地下水位、保护地下水具有重要意义。本书取得以下主要结论。

9.1.1　区域河湖水资源结构分解及水网调蓄能力

提出的水资源结构分解模型及水网调蓄能力计算方法,能够计算河网满足不同功能需求的调蓄能力阈值区间;应用 SOLIDWORKS 建立的河道三维立体模型还原度较高,相较于其他编程拟合计算方法能更好地反映河道真实的槽蓄容量情况;提出的河网调蓄能力计算方法灵活多变,计算结果更为准确,推广性较强。

桓台县区域河网生态保护水量、安全水量、风险水量和灾害水量分别为179.62万 m^3、1 827.83 万 m^3、1 824.38 万 m^3 和 1 411.74 万 m^3;在生态调度、资源调度和防洪调度下的河网槽蓄容量、可调蓄容量、单位面积槽蓄容量和可调蓄容量分别为[179.62,3 831.83]万 m^3、[0,3 652.21]万 m^3、[0.35,7.53]万 m^3/km^2 和[0,7.17]万 m^3/km^2。

9.1.2　地下水位变化特征及河道渗漏试验研究

(1)地下水位年际变化特征。桓台县地下水位年际变化特征呈现显著下降趋势,线性倾向率为-0.12 m/a,年际间变化较大,年均最大值和最小值相差6.4 m;1982—2003年地下水位埋深逐步变大,2003年达到最大值;南北埋深差异大,埋深由北向南逐步加大,东南部部分地区形成地下水漏斗区,2003—2018年地下水埋深整体减小且漏斗区范围缩小明显,南北埋深差距也逐步缩小。

(2)地下水位的主要影响因素。桓台县地下水位的主要影响因素为降水量、开采量及河流补给;降水量和开采量对不同位置的地下水位变化影响大小不同,其中东南部地下水位受开采量影响较大,西北部地下水位受降水量影响较大。

(3)河道渗漏试验。基于防洪减灾、水生态保护、地下水涵养等需求,研发了测量不同水位下河床沉积物渗流速度的野外试验装置与方法,实现远程实时自动获取相关水位变化信息;建立了不同水位下河床沉积物渗流速度及地下水补给效应的分析计算方法。为区域河网多维仿真模拟、调度及其地下水补给效应研究,提供切实的数据支撑和理论基础。

通过室外试验确定了河床沉积物渗透系数为0.087 m/d,河道渗透速度随着水深的增加而增加,为了涵养地下水应尽可能地使得河网保持在较高水位。

9.1.3　区域河湖水网调度模型与调度方案研究

构建的水文水动力耦合模型能够进行不同河湖水网调度方案的模拟,模拟结果准确、可靠。以地下水涵养效果最大化为目标,对调度方案进行模拟并优选,确定了不同水平年的 3 种优化调度方案。

汛期调度,在丰水年、平水年和枯水年情景下,河网在汛末的最大蓄水量分别为607.422 万 m^3、604.758万 m^3 和561.249万 m^3;较调度前,河网内地表水量分别增加了117.881万 m^3、126.651万 m^3 和94.763万 m^3。

非汛期调度,非汛期河网保持在生态保护水位,不同水平年分别需要从引黄渠道引水 702.48 万 m^3、705.62 万 m^3 和708.09 万 m^3;河网保持在安全水位时,不同水平年分别需要引水 15 326.44 万 m^3、15 328.38 万 m^3 和15 329.29 万 m^3。

通过引黄渠道引水,河网生态调度后,在丰水年、平水年及枯水年进入马踏湖的水量分别增加了 33.90 万 m^3、33.96 万 m^3 和33.98 万 m^3,河网内的蓄水量分别增加了 542.34 万 m^3、542.71 万 m^3 和543.01 万 m^3;河网安全水位资源调度后,在丰水年、平水年及枯水年进入马踏湖的水量分别增加 196.83 万 m^3、197.64 万 m^3 和197.96 万 m^3,河网内的蓄水量分别增加 15 164.98 万 m^3、15 165.35 万 m^3 和15 165.65 万 m^3。

9.1.4　基于区域河湖水网多维联合调度的地下水涵养效应研究

基于 GMS 软件,建立了河流水量模型与三维地下水模型的耦合模型,并利用降水量、蒸发量、地下水位实测值等数据进行模型识别与验证。建立的桓台县三维地下水数值模拟模型,能够有效地预测地表水-地下水的变化趋势,进而分析计算河网地表水对区域地下水的涵养效应。

9.1.5　不同情景下河湖水网调蓄能力与地下水涵养效应预测

基于河网地表水与地下水转换分析研究,在河湖水网调度、调蓄能力与地下水涵养效应研究的基础上,提出多情景条件下的水网调度方案,并利用建立的地表水-地下水耦合模型,对地下水涵养效应进行预测,进而优选方案。

(1)利用地下水均衡法对地表水与地下水转化量进行计算,结果表明,2016—2018年地表水与地下水的转化量变化幅度较大,均值为 4 752 万 m^3,最大转换量为2017年的 8 622 万 m^3,最小的为2018年的 1 528 万 m^3。

(2)河网保持生态保护水位、安全水位和风险水位,经过 10 年的涵养补给,地下水位分别上升了4.06 m、5.84 m 和6.60 m,地下水漏斗区面积分别减少了14.04 km^2、15.37 km^2 和15.41 km^2,河网对地下水的年均补给量分别为 3 260 万 m^3、4 330 万 m^3 和4 770 万 m^3。

(3)河网保持在生态保护水位、风险水位时,经过 5 年的涵养,地下水位分别会上升1.18 m 和3.49 m,地下水漏斗区面积分别会减小14.76 km^2 和 16.49 km^2,河网对地下水的年均补给量分别为 3 450 万 m^3 和 5 290 万 m^3。

随着水源置换比例的增大,河网补给后地下水位上升的幅度逐渐增加,水源置换比例为 10%、20%和30%时,经过 5 年的涵养,地下水位分别会上升1.221 m、1.229 m 和1.256 m。

基于汛末和非汛期的河网调度,丰水年、平水年地下水位分别会上升1.18 m 和0.45 m,

枯水年地下水位会下降0.34 m;丰水年、平水年和枯水年地下水漏斗区面积分别会减小10.37 km^2、7.94 km^{2}和4.94 km^2;河网对地下水的补给量分别为5 160万 m^3、5 390万 m^{3}和5 720万 m^3。

因此,提升河网地下水涵养效应的对策分别为减采地下水——间接补给、充分利用雨洪水资源——直接补给、引黄水资源的利用——直接补给等方式。

9.1.6　区域水网多维联合调度与地下水保护的系统功能模块

研发的区域水网多维联合调度与地下水保护的系统功能模块主要包括信息查询、水资源结构分解、河湖水网调度和地下水涵养4个子模块,将水资源结构分解、河湖水网调度及地下水涵养效应研究成果进行集成及可视化展示,便于查询主要河道的水量-水位对应关系、历年地下水位情况及不同调度方案下的地下水涵养效应三维显示情况。该系统模块的研发可为亚洲开发银行地下水治理项目信息化系统的开发提供功能模块支撑。

9.2　展　望

本书完成了桓台县基于水网水资源调度下的地下水保护研究,并取得了一定的研究成果,但基于地下水保护影响因素的复杂性,在以后的研究中需要深入研究的问题主要包括以下几个方面:

(1)本书提出的河流水资源结构分解方法具有普遍性,可广泛推广应用,但对于具体河流的特征水量计算,需要结合河流的实际情况进行分析,以便计算的结果更加符合实际。

(2)在河湖水网建模及模型调参过程中,由于河网上游缺少部分水文站点,采用参数移植法进行参数率定,将参数率定结果应用到整个河湖水网耦合模型中进行调度方案的模拟。在以后的研究中,随着监测数据的完善,可采用相关的监测数据进行耦合模型率定,从而提高模拟的精度。

(3)本书的主要内容是河湖水网对地下水的涵养效应,在以后的研究中可以考虑采用地面淹灌、利用回灌井等方式补给地下水的方案对地下水涵养的影响,分析不同补给方案对地下水涵养效果的影响,综合多种补给方案,给出最优的地下水涵养方案。

参 考 文 献

[1] 邵玉龙.太湖流域水系结构与连通变化对洪涝的影响研究[D].南京:南京大学,2013.

[2] 王腊春,许有鹏,周寅康,等.太湖水网地区河网调蓄能力分析[J].南京大学学报(自然科学版),1999(6):70-76.

[3] 吴作平,杨国录,甘明辉.湖泊调蓄作用对河网计算的影响[J].水科学进展,2004(5):603-607.

[4] 刘娜,王克林,段亚锋.洞庭湖景观格局变化及其对水文调蓄功能的影响[J].生态学报,2012,32(15):4641-4650.

[5] 袁雯,杨凯,唐敏,等.平原河网地区河流结构特征及其对调蓄能力的影响[J].地理研究,2005(5):717-724.

[6] 曾娇娇,李立成,张灵敏,等.平原河网城市排涝流量计算方法探讨[J].水电能源科学,2015,33(1):56-59.

[7] Dimitry van der Nat, Andreas P Schmidt, Klement Tockner, et al. Inundation Dynamics in Braided Floodplains: Tagliamento River, Northeast Italy[J]. Ecosystems,2002,5(7):636-647.

[8] 翁文斌,蔡喜明,史慧斌,等.宏观经济水资源规划多目标决策分析方法研究及应用[J].水利学报,1995(2):1-11.

[9] 张文鸽. 区域水质—水量联合优化配置研究[D].郑州:郑州大学,2003.

[10] 周念清,夏学敏,朱勍,等.许昌市水资源多模式联合调度与合理配置[J].南水北调与水利科技,2017,15(1):7-13.

[11] 杨元昊. 汉北河下游分洪区特性与调度研究及应用[D].武汉:华中科技大学,2019.

[12] 梁益闻. 城市河湖闸泵群防洪排涝优化调度模型研究[D].武汉:华中科技大学,2018.

[13] 陈炼钢. 多闸坝大型河网水量水质耦合数学模型及应用[D]. 南京:南京大学, 2012.

[14] 曾凯. 基于不同目标的典型闸控河湖生态需水计算研究[D].武汉:长江科学院, 2019.

[15] 张帆. 基于生态的郑州市闸坝调度模式研究[D].郑州:华北水利水电学院, 2011.

[16] 刘芹. 平原河网水力计算及闸群防洪体系优化调度研究[D].南京:河海大学,2006.

[17] 郭亚萍. 泗河流域水系连通性评价研究[D].泰安:山东农业大学,2016.

[18] 魏娜. 基于复杂水资源系统的水利工程生态调度研究[D].北京:中国水利水电科学研究院, 2015.

[19] 孟斌. 山东黄河水量优化调度方案研究[D].济南:济南大学,2014.

[20] 张波,王开录,李发明.石羊河流域水资源调度与青土湖生态恢复研究[J].甘肃水利水电技术,2017,53(10):9-12.

[21] 李玉荣,张俊,张潇. 2017年汉江秋季洪水特性及预报调度分析[J]. 人民长江, 2017,48(24):1-5,10.

[22] 卢程伟. 流域水库群蓄滞洪区综合防洪调度研究与应用[D].武汉:华中科技大学,2019.

[23] 张盛楠,田一梅,王晓华. 城市景观水体汛期降雨蓄水防涝调度的研究[J].中国给水排水,2011(9):58-62.

[24] 陈志祥. 塔里木河流域水量调度方案编制与适度优化研究[D].北京:清华大学, 2005.

[25] 张学真.地下水人工补给研究现状与前瞻[J].地下水,2005(1):25-28,66.

[26] 武强,郑铣鑫,应玉飞,等.21世纪中国沿海地区相对海平面上升及其防治策略[J].中国科学(D辑:地球科学),2002(9):760-766.

[27] 施雅风.我国海岸带灾害的加剧发展及其防御方略[J].自然灾害学报,1994(2):3-15.

[28] 董艳慧.地下水保护理论及修复技术的研究[D].西安:长安大学,2010.

[29] 丁昆仑.人工回灌地下水的有效途径和方法探讨[J].中国农村水利水电,1996(Z1):14-17,82.

[30] 武景堂.山前平原天然河道人工补给地下水试验研究[J].河北地质学院学报,1993(1):70-80.

[31] 刘家祥,蔡巧生,吕晓俭,等.北京西郊地下水人工回灌试验研究[J].水文地质工程地质,1988(3):1-6,48.

[32] 刘家祥.地下水人工回灌试验研究[J].水文地质工程地质,1980(1):31-39.

[33] 刘灿,徐得潜,方达宪,等.生态挡墙与传统挡墙对地下水涵养的原型观测研究[J].价值工程,2010,29(8):111-113.

[34] 艾合买提江·艾木拉,依力哈木·依明江.新疆和田灌区渠道渗漏试验[J].西北水力发电,2006(5):20-22.

[35] 平建华,曹剑峰,苏小四,等.同位素技术在黄河下游河水侧渗影响范围研究中的应用[J].吉林大学学报(地球科学版),2004(3):399-404.

[36] 苏联人工补给地下水的经验[J].陕西水利科技,1973(2):27-29.

[37] Pyne R D G . Groundwater recharge and wells : a guide to aquifer storage recovery[J]. Corporate Blvd. n.w.boca, 1995.

[38] Merrit M L.Recovering Fresh Water Stored in Saline Limestone Aquifers[J].Ground Water lJI, July-August,1986,24(4):516-529.

[39] Lemer D N,Issar A S,Simmers I.Groundwater Recharge.A Guide to Understanding and Estimating Natural Recharge[J].International Conteibution to Hydrogeology,Verlag Heinz Heise,1990,8:345.

[40] Bouwer H.Artificial Recharge of Groundwater:Hydrogeology and Engineering[J]. Hydeogeology,2002,10(1):121-142.

[41] Scanlon B R.Evaluation of liquid and Vapor Flow in Desert Soil Based on Chlorine-36 and Tritium Tracers and Nonido the rmal Flow Simulations[J]. Water Resources Research,1992,28:285-297.

[42] 李佩成.日本地下水资源开发利用及其科学研究考察报告[R].1983,3.

[43] Cook P G, Walker G R, Jolly I D. Spatial variability of groundwater recharge in a semiarid region[J]. Elsevier,1989(111):1-4.

[44] 蒋业放,鲁静.河流——含水层相互作用条件下数值计算问题[J].河北地质学院学报,1994(4):378-386.

[45] 易云华,刘汉营,郇心善,等.河流和含水层相互作用数值模拟计算[J].电力勘测,1995(4):1-8.

[46] 胡立堂,王忠静,赵建世,等.地表水和地下水相互作用及集成模型研究[J].水利学报,2007(1):54-59.

[47] 武强,孔庆友,张自忠,等.地表河网-地下水流系统耦合模拟 1:模型[J].水利学报,2005(5):588 -592,597.

[48] Chen X, Chen Y D, Zhang Z C.A numerical modeling system of the hydrological cycle for estimation of waterfluxes in the huaihe river plain region, China[J]. Journal of Hydrometeorology-Special Section, 2007(8):702-714.

[49] 凌敏华,陈喜,程勤波,等. 地表水文过程与地下水动力过程耦合模拟及应用[J].水文,2011,31(6):8-13.

[50] Buras N. Conjunctive operation of dams and aquifer[J]. Hydraul. Div,1961:111-136.

[51] Freeze R A, Harlan R L. Blue-print for a physically-based digitally simulated hydrologic response model [J]. Jounal of Hydrology, 1969,9(3): 237-258.

[52] Pikul M F, Street R L, Remson I. A numerical model based on coupled one dimension Richards and Bossinesq equations [J]. Water Resources Research, 1974,10(2):295-302.

[53] Haimes Y Y, Dreizin Y C. Management of groundwater and surface-water via decompositionf[J]. Water resource. 1977.13(1):69-77.

［54］Govindaraju R S, Kavvas M L. Dynamics of moving boundary overland flows over infiltrating surfaces at hill-slopes［J］. Water Resources Research, 1991, 27(8)：1885-1898.

［55］Woolliser D A, Smith R E, Giraldez J V. Effects of spatial variability of the saturated conductivity on Hortonian overland flow［J］. Water Resource Research, 1996, 32(3)：671-688.

［56］Jobson H E, Harbaugh A W. Modifications to the diffusion analogy surface-water flow model (DAFLOW) for coupling to the modular finite-difference ground-water flow model (MODFLOW)［R］. U.S. Geological Survey Open-File Report, 1999.

［57］Vanderkwaak J E, Loague K. Hydrologic-response simulations for the R-5 catchment with a comprehensive physics-based model［J］. Water Resource Research, 2001, 37(4)：999-1013.

［58］Panday s, Huyakorn P S. A fully Coupled physically based spatially distributed model for evaluating surface-subsurface flow［J］. Advances in Water Resources, 2004, 27(4)：361-382.

［59］Maxwell R M, Miller N L. Development of a coupled land surface and groundwater model［J］. Journal of Hydrometeorology, 2005(6)：233-247.

［60］Kollet S J, Maxwell R M. Capturing the influence of groundwater dynamics on land surface processes using an integrated, distributed watershed model［J］. Water Resources Research, 2008, 44(2)：W02402-1-W02402-18.

［61］Kim N W, Chung I M, Won Y S. Development and application of the integrated SWAT-MODFLOW model［J］. Journal of Hydrology, 2008, 356:1-16.

［62］Partington D, Simmons P B, Werner A D. Evalution of outputs from automated separation methods against simulated baseflow from a physically based, surface water-groundwater flow model［J］. Journal of Hydrology, 2012, 38:458-459.

［63］孙军. 桓台县防洪除涝现状及对策分析［D］. 济南：山东大学, 2015.

［64］王伟, 叶敏, 刘静波. 河道槽蓄量计算模块功能设计与实现［J］. 人民长江, 2014, 45(2)：5.

［65］王腊春, 周寅康, 许有鹏, 等. 太湖流域洪涝灾害损失模拟及预测［J］. 自然灾害学报, 2000(1)：33-39.

［66］李文义. 河流水资源结构分解与洪水资源利用研究［D］. 大连：大连理工大学, 2007.

［67］李丽娟, 郑红星. 海滦河流域河流系统生态环境需水量计算［J］. 地理学报, 2000(4)：495-500.

［68］蔡娟. 太湖流域腹部城市化对水系结构变化及其调蓄能力的影响研究［D］. 南京：南京大学, 2012.

［69］沈海新, 李国新, 张翰文. 河道淤积量和槽蓄量计算方法应用［C］//2015第七届全国河湖治理与生态文明发展论坛论文集. 2015：517-521.

［70］廖小红, 朱枫, 黎昔春, 等. 典型年洪水的洞庭湖槽蓄特性研究［J］. 中国农村水利水电, 2018(5)：134-137, 143.

［71］袁雯, 杨凯, 唐敏, 等. 平原河网地区河流结构特征及其对调蓄能力的影响［J］. 地理研究, 2005(5)：717-724.

［72］廖四辉. 洪水资源利用与生态用水调度研究［D］. 北京：清华大学, 2011.

［73］翟家齐, 曹继鹏, 刘宽, 等. 青铜峡灌区地下水埋深演变及驱动要素贡献率解析［J］. 灌溉排水学报, 2021, 40(9)：102-110.

［74］宋扬. 灞河橡胶坝库区沉积物渗透系数空间变异及河水—地下水交互作用研究［D］. 西安：长安大学, 2017.

［75］高敏. 半干旱地区河床渗透系数空间变异性研究［D］. 西安：长安大学, 2012.

［76］车巧慧, 陶建华, 俞晶娜. 沙颍河河床沉积物渗透性规律分析［J］. 地下水, 2014, 36(5)：211-213.

［77］何红曼. 渭河漫滩渗透系数及宏观弥散度空间变异性研究［D］. 西安：长安大学, 2014.

［78］季益柱, 龚荣山, 焦创, 等. 基于降雨径流的平原河网水动力模拟［C］// 全国水力学与水利信息学大会. 中国水利学会, 中国水力发电工程学会, 国际水利与环境工程学会中国分会, 2013.

[79] 衣秀勇,关春曼,果有娜,等.洪水模拟技术应用与研究[M].北京:中国水利水电出版社,2014.

[80] 沈五伟.济南市河道洪水仿真模拟研究[D].济南:山东大学,2009.

[81] 周旭,黄莉,王苏胜.MIKE11 模型在南通平原河网模拟中的应用[J].江苏水利,2016(1):52-55.

[82] 刘俊萍,郑施涵,吴正中,等.基于 MIKE 11 模型的某海岛地区洪水演进模拟[J].浙江工业大学学报,2021,49(1):60-65.

[83] 潘薪宇.青龙河洪水演进数值模拟[D].哈尔滨:哈尔滨工程大学,2014.

[84] 赵尔官.MIKE11 模型在万顷沙平原河网区排涝分析中的应用[J].广东水利水电,2019(8):7-10.

[85] 顾珏蓉,徐祖信,林卫青.苏州河水系水动力模型建立及应用[J].上海环境科学,2002(10):606-609.

[86] 赖正清.基于数字河湖网络的平原河网区流域划分方法[C]//全国地理信息科学博士生学术论坛.中国地理学会地图学与地理信息系统专业委员会,中国地理信息产业协会,2014.

[87] 王达桦.小流域水文水动力耦合模型的研究及应用[D].郑州:华北水利水电大学,2020.

[88] 杨甜甜.大沽夹河流域水文水动力耦合模型研究及应用[D].大连:大连理工大学,2015.

[89] 段亚雯,朱克云,马柱国,等.中国区域 1961—2010 年降水集中指数(PCI)的变化及月分配特征[J].大气科学,2014,38(6):1124-1136.

[90] 祁顺杰,陈皓锐.Morlet 小波在降雨的多时间尺度分析中的应用[J].南水北调与水利科技,2010,8(3):79-82.

[91] 费晓磊.嘉兴市区河网活水调度优化研究[D].扬州:扬州大学,2017.

[92] 陈永明.基于数字化河网的引调水水力计算[D].杭州:浙江大学,2008.

[93] 赵凤伟.MIKE11 HD 模型在下辽河平原河网模拟计算中的应用[J].水利科技与经济,2014,20(8):33-35.

[94] 谭玲.HEC-RAS 和 MIKE11 在渠道水面线计算中的应用[J].山西建筑,2020,46(23):166-168.

[95] 李晓鹏,雷保疃.基于 MIKE11 模型的河网模拟计算在中小河流整治中的应用——以乌涌中下游段河道整治为例[J].广东水利水电,2018(2):34-38.

[96] 张旭昇.泾河部分河段河道洪水演算研究[D].兰州:兰州大学,2012.

[97] 易立新,徐鹤.地下水数值模拟:GMS 应用基础与实例[M].北京:化学工业出版社,2009.

[98] 豆明伟.聊城市超采区地下水数值模拟及修复研究[D].北京:清华大学,2019.

[99] 马承新.山东省地下水人工回灌补源模式研究[D].武汉:武汉大学,2005.

[100] 方樟,谢新民,马喆,等.河南省安阳市平原区地下水控制性管理水位研究[J].水利学报,2014,45(10):1205-1213.

[101] 王宇博,徐永亮,周玉凤,等.基于 GMS 模型的保利未来城抗浮设防水位研究[J].河北地质大学学报,2019,42(5):56-62.

[102] 刘中培,李鑫,陈莹,等.基于 MODFLOW 与气候模式的矿区地下水流模拟[J].中国农村水利水电,2021(5):113-117,124.

[103] 曾昌禄,李荣建,关晓迪,等.不同雨强条件下黄土边坡降雨入渗特性模型试验研究[J].岩土工程学报,2020,42(S1):111-115.

[104] 危润初,姜颖迪,李铭远,等.乍得湖盆地典型区域降雨入渗补给地下水试验[J].吉林大学学报(地球科学版),2021,51(2):495-504.

[105] 刘静,宋梦林,臧超,等.松辽平原地下水埋深变化及关键影响因子分析[J].华北水利水电大学学报(自然科学版),2021,42(2):58-65.

[106] 孟凡傲.洮儿河扇形地表水与地下水转化关系分析[D].长春:吉林大学,2017.

[107] 费宇红.京津以南河北平原地下水演变与涵养研究[D].南京:河海大学,2006.